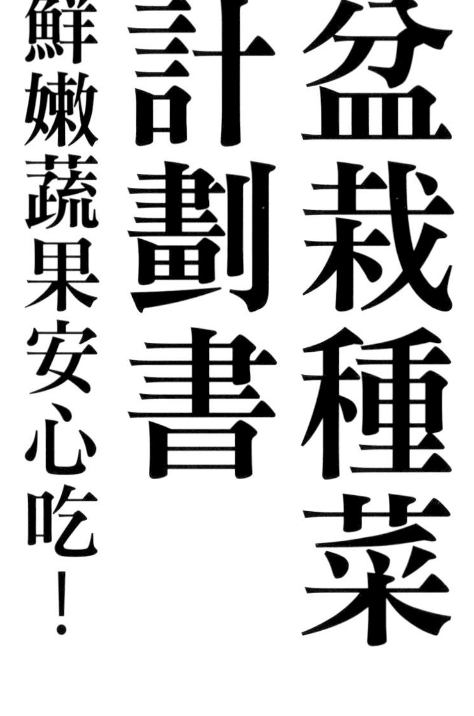

盆栽種菜計劃書

鮮嫩蔬果安心吃！

瑞昇文化

盆栽種菜計劃書

鮮嫩蔬果安心吃！

目次

青菜索引

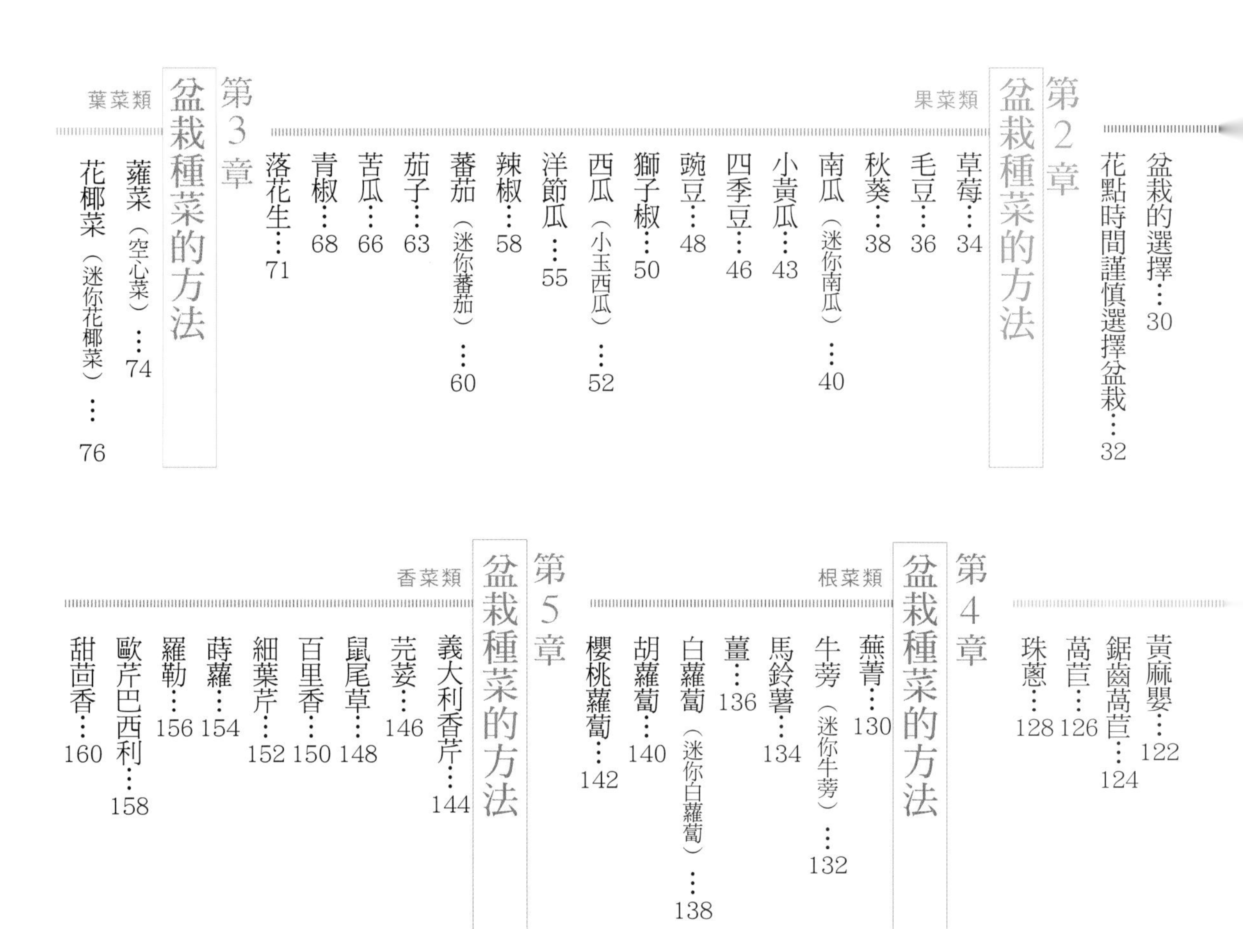

第2章 盆栽種菜的方法
果菜類

第3章 盆栽種菜的方法
葉菜類

第4章 盆栽種菜的方法
根菜類

第5章 盆栽種菜的方法
香菜類

盆栽種菜Q & A

本書的使用法

栽培順序
蔬菜的栽培順序以照片或圖表詳細說明。解說中追肥的份量為化學肥料（N-P-K＝10-10-10）。

蔬菜名稱・科名
一般經常使用的名稱以片假名標記，旁邊另外標記科名。片假名後的（）用來表示別名以及品種。

蔬菜的分類
標示該頁所介紹的蔬菜名稱和蔬菜分類（果菜類、葉菜類、根菜類、香菜類4種）。

特徵・功效
標示有關於蔬菜的特徵及性質、功效等。

4 追肥
6月上旬～7月下旬
葉片顏色不佳時，必須進行追肥

2 疏苗
5月中旬～6月下旬
本葉發出2片後進行疏苗

5 收穫
6月下旬～8月上旬
花開之後10～15天即可採收

3 立支柱・誘引
6月上旬～7月中旬
立支柱進行誘引

1 播種
5月上旬～6月上旬
1處約播下3～4粒種子

四季豆
豆科
Snap bean

Point

盆栽栽培 Q & A

專欄・Q & A
將種菜時有用的資訊或經常會產生的疑點等以照片或圖表加以說明。

難易度
蔬菜種植的難易度分為「容易」「普通」「困難」3階段。「容易」表示初學者也能安心栽種的蔬菜。「普通」表示栽種時間較長或較花工夫而略微有難度的蔬菜，「困難」表示栽培上難度較高、比其他種類失敗率更高的蔬菜。

日照
蔬菜喜好的日照時間。分為「全日照」「半日照」，「全日照」為幾乎整天都需要日照的狀態、「半日照」是指需要約全日照一半的日照狀態。若標示全日照～半日照則是指雖然喜好日照，但以半日照也可以栽培的蔬菜。

生長適溫
標示適合蔬菜健康成長的溫度。

病蟲害
標示該蔬菜容易遭致的病名或害蟲名稱。

盆栽容量
栽培蔬菜所需要的盆栽依據容量分為小型（8～15公升）、中型（16～24公升）、大型（25公升以上）3種，在此標示出最適合的盆栽容量。若標示中型以上則表示不宜使用小型盆栽栽培，最好以中型或大型盆栽進行栽培。

此外，位於下方的盆栽插圖則標示出播種或定植時適當的株間距離。就算種植株數比標示量更少，若標示中型以上，建議至少還是要使用中型盆栽。

栽培時間表
將栽培順序中的播種（定植）和收穫的時期，作成12個月的時間表。一年中春、秋等雙季都可以栽培的蔬菜，會標記播種（春）或播種（秋）等。另外，時間表上標記著「翌年」則表示從栽培開始到下一年的作業。

註：本書的栽培時序以「日本關東地區」為準，若想在台灣栽種，請讀者自行依照台灣的情況調整。

開始試著以盆栽種菜吧！

沉醉於清爽香氣中 和家人一起來裝飾陽台園藝

千葉縣　不二井千秋小姐

不二井家從２００２年春天開始進行陽台種菜。陽台菜園不僅種植植物，更想傳達出待在陽台是多麼輕鬆愉快的想法。

沒有經驗也沒有相關知識，一切都是從買了幾株曾經聽過名字的香草回家開始。目前除了義大利香芹和羅勒等香菜之外，主要是種植秋葵和迷你蕃茄。

「喜歡採收蔬菜之後的快樂，而且自已種植的蔬菜吃起來特別有一種安心感喔！」除了採收食用的喜悅之外，還可以和孩子們一起工作、一起玩樂，同時滿室馨香及翠綠，也讓做家事時的氣氛變得更輕鬆了，所以目前仍然陶醉於多采多姿的陽台菜園生活。

Handmade garden

可增添料理的色彩，採收後能立刻使用的義大利香芹。背後可愛的枝架是以葡萄藤連接而成的手作裝飾喔！

生長旺盛的秋葵盆裡，以鐵絲作為支柱，這樣就不會破壞陽台菜園的氣氛，可作成能隨著植株慢慢往上延伸的支柱。

薄荷可用來泡茶，蒔蘿可浸泡於橄欖油中，和迷迭香一起活用於料理上。另外，做成香皂或放置於浴室，也可以滿室芳香喔！

堅信「香氣可以療癒人心」的不二井太太正在仔細地進行羅勒的疏苗作業。拔起的幼苗可用於料理，採收前若枝葉過於茂密，請於採收後整理出足夠讓枝葉生長的空間。

蕃茄考慮到生長及日照等問題而更換栽培的位置。此外，盆栽底下的缽底石（為了排水順利而鋪在盆栽底的石頭），改以發泡棉替代，不但容易移動，重量也比較輕。

Favorite herb

在日照良好的屋頂菜園和孩子們一起體驗生命的成長

東京都　米持洋介先生

秉持著「和孩子們一起實際體驗成長」的想法，在米持家的屋頂菜園裡，觀察採收後的萵苣花、遭蟲啃食後的蕃茄等經驗，擁有食用之外的更多樂趣。

「原本是看見孩子們因為卡通裡的種菜場景而歡喜雀躍時所引發的契機，但是不知怎麼連我也深陷其中了！」。開始進行陽台種菜以來的這幾年，起初讀了很多書且認真地作筆記，現在我已經能由蔬菜的樣子，憑自己的直覺施肥了。就這樣，米持家的陽台菜園裡，蕃茄及小黃瓜等必備蔬菜正茁壯成長中。

「最近，孩子們提著竹籃幫忙採收，並約定要自己吃！」米持滿足地說道。

結著果實的迷你小黃瓜。因為屋頂上風強，支柱以欄杆固定。

茄子以米糠栽種。屋頂上日照強烈，所以土壤表面可以鋪上水苔，防止水分蒸發。

秋葵及其他幼苗是在娘家附近的農具中心購得。土壤在冬天和腐葉土混合後可以再次使用。

生活空間可一覽無遺的陽台上，栽種著苦瓜，就算從屋內也能享受滿眼綠意的樂趣。因為是每天都看得到的景象，可以選用自己喜歡的網子或麻繩。

正在採收蕃茄的兒子，一摘下蕃茄就立刻放進嘴裡了！

盆栽種菜法

意想不到的簡單！

在農具中心購入種子・幼苗・土

可以在農具中心等地購得想要栽種的蔬菜種子・幼苗・土壤・盆栽。若需要花灑或小鏟子等必備工具，也可以在此購得。

p.30 / p.169 / p.176

栽培葉菜及根菜類蔬菜

播種

栽培小松菜、菠菜等葉菜類，或白蘿蔔、蕪菁等根菜類蔬菜時，直接將種子播在盆栽裡。盆栽裡事先裝好土壤，分別以適合的方式進行播種吧！

p.174

種植結果類蔬菜

選擇良苗非常重要！

定植幼苗

蕃茄和小黃瓜等會結果的蔬菜，從種子開始栽種是非常困難的，所以最好直接購買幼苗定植於盆栽裡。盆栽裡必須先裝好土壤，定植時要注意不要破壞根缽土壤喔！

p.178

給水

盆栽栽培時，給水是非常重要的。過多或不足都不好，所以請給予適度的水份吧！

p.24

茁壯生長中

潛入土壤裡的落花生，如此地被發現，也是種菜的樂趣之一。

秋葵花的美麗令人訝異，沒想到仰向天空挺直生長的秋葵果實更令人驚艷。

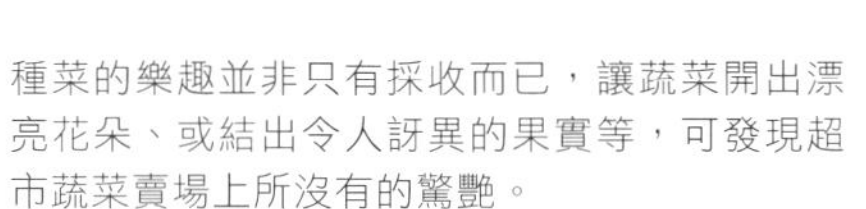

種菜的樂趣並非只有採收而已，讓蔬菜開出漂亮花朵、或結出令人訝異的果實等，可發現超市蔬菜賣場上所沒有的驚艷。

蔬菜的管理

追肥 p.182
為了補充蔬菜生長過程中土壤所流失的肥料，成長中所施放的肥料，過多與不足都不行，均衡非常重要。

疏苗 p.180
為了營造出蔬菜適合生長的環境而調整植株的數量。依據蔬菜種類的不同，有些蔬菜拔除後可以食用。

立支柱 p.186
植株高度過高或因結出果實後過重的蔬菜，為了避免植株倒塌，必須架立支柱。架立支柱有許多方式，可搭配蔬菜種類而定。

摘芯 p.181
為了讓營養集中於特定的生長部位，或調整植株的高度，必須將植株的前端摘除。

收穫

種菜最快樂的一瞬間。不管是大的、小的，或是形狀怪異的，都是自已親手種出來的，不管怎麼看都可愛，可要趁新鮮趕快享用喔！

採收時一個都不可浪費的可愛小蕃茄。

盆栽栽種的萵苣結成圓球時，就可以採收了。

拔起土壤裡的落花生！落地的花朵結成了果實。

盆栽種菜日記1

小松菜

可以採收新鮮葉片的葉菜類蔬菜，是盆栽栽培不可欠缺的角色。小松菜一整年都可採收，非常方便於使用。

以手作盆栽挑戰種菜！ 1day

約1整年都可以採收，營養素也非常豐富，因此可以嘗試栽種小松菜。盆栽也想採用自己喜歡的樣式，所以選擇開了排水孔的葡萄酒箱。播種給水後就算完成了初步的工作，接下來，只要開心地等待發芽就可以了。

仔細觀察，各具個性 8day

真的發芽了！可愛的嫩芽們排列整齊的模樣令人感動。有昂然挺立的，也有直長纖細的，看著他們各有各的個性，真令人開心。就這樣欣賞著、等待著，讓它們再長大一點吧！

想採收卻不能心急喔！ 29 day

就算不夠穩定的小松菜，也因為上一次的培土而確實穩固了。也許是心理作用吧！顏色看起來好像也變濃綠了。高度為15cm～20cm時就可以進行採收了。此時還嫌略小，請壓抑迫不及待的興奮心情，採收要等到下個星期喔！

疏苗時拔除的幼苗也是美味的佳餚喔！ 15 day

因為小松菜生長茂密，已經無法看見盆栽內側了。你一定會驚訝於蔬菜生長的快速，實在是太過濃密了，所以必須進行疏苗。
疏苗後要施放肥料（追肥），將土壤覆蓋於蔬菜根部（培土）。拔起的幼苗看起來楚楚可憐，可不要丟棄喔！可作成沙拉食用。

盆栽產地直送 36 day

採收的時刻終於來臨了。大小也沒有問題了。盆栽栽培也能種出如此碩美的蔬菜，真是令人驚訝啊！而且想要食用時就可以立刻採收，就算臨時想要作菜也能很安心。下次想要挑戰種什麼好呢？雖然腦海裡浮現著各種美夢，不過，我認為當務之急還是趕快品嚐小松菜的美味，這問題到時再來想想吧！

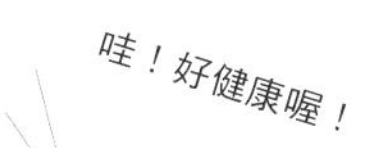

不安定的原因是從土裡冒出的胚軸 22 day

蔬菜持續生長伸展至盆栽外。為了作出適合小松菜生長的空間，必須進行第2次的疏苗和追肥。培土時，胚軸（成為莖部的部分）會突出於土壤地表之上導致植株不穩定，所以務必仔細進行培土使植株穩固。

栽種方法請參照84頁

盆栽種菜日記2

櫻桃蘿蔔

如同其別名「20日蘿蔔」，雖然不是剛好20天就可以採收，但是短期間即可採收的櫻桃蘿蔔，是最能體會盆栽栽培之樂的理想蔬菜。

決定蔬菜種類後立刻播種 1day

決定要栽種短期即可採收、初學者也能輕鬆栽種的櫻桃蘿蔔。盆栽裡呈環狀直接播入種子，以花灑進行給水，一天即可完成。要等待一個月後，才會長成鮮紅可愛的櫻桃蘿蔔。

櫻桃蘿蔔發出新芽了 5day

當大部分的嫩芽成長後，盆栽裡就出現了綠色的甜甜圈。給水時內心也期望能就這樣子順利生長下去，請放置於日照良好的場所。

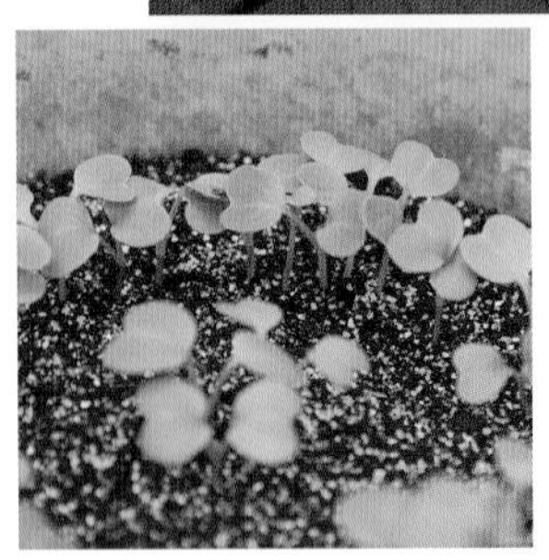

為了蔬菜生長順利而進行疏苗

12 day

大部分的蔬菜都持續生長著，好不容易長大卻要拔除，心理總會覺得有點可惜，但是為了讓蔬菜生長更健康，必須進行疏苗作業。挑選生長狀況不良的幼苗，在不傷害其他幼苗的情況下以剪刀剪下約一半的數量。疏苗後進行施肥及略微鬆土，拔下的幼苗不要丟棄，可作為生菜沙拉食用。

疏苗不可一次完成，必須分成數次進行

19 day

雖然因為前幾次的疏苗使蔬菜數量減少，但是蔬菜卻可以順利生長。植株茂密集中處再次進行疏苗，保留的植株根部進行培土。

當根部膨起後就可以採收了

26 day

再過幾天，植株底部會變大，根部也會開始膨起。進行培土讓根部能筆直生長，此時一定要壓抑迫不及待想要拔起來一探究竟的好奇心情。

土表露出的紅顏是採收的訊號

33 day

播種後約經過一個月，等了又等終於要採收了。握住植株根部處拔起，就可以看見可愛的櫻桃蘿蔔身影，這真是令人感動的時刻。但好像有點過遲採收，有一個已經裂開了，看起來有點可憐呢！這次好不容易能採收，下次一定要以不裂開為目標。

過遲採收會產生根裂現象，所以一定要掌握收穫的時間喔！

栽種方法請參照142頁

盆栽種菜日記3
迷你蕃茄

比起大粒種蕃茄來說，迷你蕃茄比較不容易遭受病蟲害，因此非常適合初學者栽種。因為過程中必須經歷架支柱或人工授粉、摘芯等作業，可以真正體會種菜的真實感受。

購入幼苗，從定植開始挑戰吧！

因為嚮往親手摘下碩大的蕃茄，然後直接大口地咬下的感覺，所以決定要栽種蕃茄，可是，以盆栽栽培的容易度來考量，還是挑戰迷你蕃茄吧！園藝店買回的幼苗，將莖和葉柄處發出的側芽摘除，定植於盆栽後，接著架立暫時性支柱支撐並給予水分，第一天的工作就完成了。

摘除側芽讓營養集中於主枝

雖然剛定植時還是非常小的幼苗，但如果仔細觀察會發現，幼苗很快就長得和支柱一樣高了，這是因為之前摘除側芽，讓營養集中於主枝的緣故，為了讓植株更快長大，這次也要將側芽一個都不剩地摘除喔！

以人工授粉增加收穫量

31 day

開始結出少數幾個可愛的果實了喔！為了讓結果更為豐碩，可輕搖花朵進行人工授粉。這樣一來應該可以結出更豐盛的果實，讓人希望滿滿喔！

架支柱幫助蔬菜生長

15 day

植株順利地生長著，因為過於健康，高度很快就已經超越支柱的高度，所以必須在不傷及根部的情況下更換支柱，並保留空間將支柱和莖部以繩索綁住固定（誘引）。

土壤減少必須補足

38 day

因為距離前次追肥又過了一些日子，為了讓果實長大，這次必須再次進行追肥。因為土壤也會隨時間而減少，所以必須補足土壤，並將表面整平（培土）。

蔬菜生長的營養是很重要的，肥料減少後要立刻補足

22 day

正確地架設主要支柱，可以幫助植株茁壯生長。長到這種程度，土壤裡原先的養分應該已經消耗殆盡，所以必須追加肥料（追肥）。趕快往上長大吧！我已經迫不及待地想要摘蕃茄了。

迷你蕃茄實現了嚮往的畫面

44 day

果實轉紅成熟了。先採收一些嚐嚐看，雖然小小的，但這可是一直以來憧憬的時刻。心怦怦地跳著，想著：到底會是什麼滋味呢？嗯～比想像中的還要甜喔！可說是大成功。接下來，只能等到全部的果實都轉紅之後再採收了！

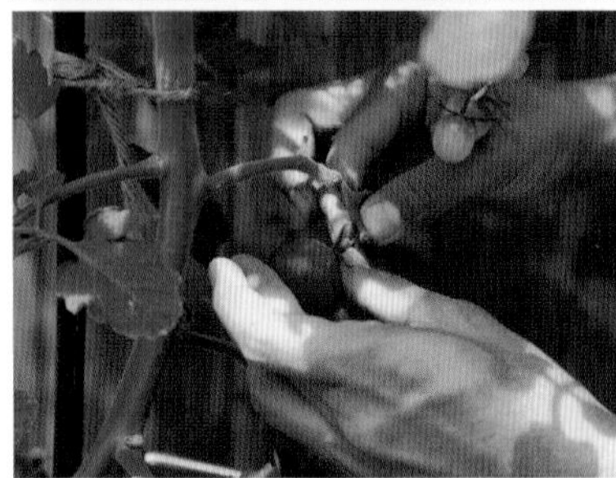

利用摘芯調整植株高度以方便作業進行

51 day

果實整體變紅之前還要再費些心思。因為主枝高過於支柱，為了避免其繼續往上延伸，必須將主枝的前端摘除以抑制其生長（摘芯）。此外，生長不良的下葉是導致病害的原因，所以也要趁其枯萎前摘除。

(摘芯)

(摘除下葉)

下次還想挑戰的可愛迷你蕃茄

58 day

因為想要享受採收大量蕃茄的快感，期盼著等到整體都變紅，終於可以開始採收了。手上捧滿了迷你蕃茄，小小果實結實纍纍的樣子，真的非常可愛，好像還有其他形狀有趣的品種，所以下次還想要嘗試栽種其他種的迷你蕃茄。

栽種方法請參照60頁

第1章

進行盆栽種菜之前

盆栽種菜的重點

輕鬆種菜不能不知的訣竅和規則

雖然屬於不需田地或庭院也能開始輕鬆種菜的盆栽栽種法，但若想要讓快樂持續下去，還是有必要掌握住以下重點及注意事項。

首先，如果栽種地是陽台，請避開人往來的通道或冷氣室外機的位置之後，整理出可以擺放盆栽的空間。而且，藉由確認陽台的構造或角度等，可以了解不同位置的日照或通風狀況等，也可以知道自己的陽台適合栽種的蔬菜，以及什麼地方種什麼蔬菜的配置。此點和庭院栽種盆栽的情況相同。

此外，陽台外側或和鄰家的避難牆間不要擺放盆栽，安全及禮貌上的考量，是進行陽台盆栽栽種時必要的程序。

陽台栽種的注意事項

想要輕鬆種菜，應該更要注意、不可忽略的規則和注意點

園藝用吊盆
可能會有墜落的危險，請勿掛在陽台外側或人行通道上方。

避難牆
緊急情況時可作為和鄰家之間的避難路徑，不可擺置物品妨礙通行。

排水口
為了避免遭受土壤或垃圾阻塞，上面可鋪一層濾網，不要忘記勤勞地打掃喔！

欄杆
因為有墜落的危險，欄杆外側及上方不可放置盆栽，若欄杆上想放置盆栽時，請使用附帶專用掛鉤的園藝用吊盆，吊掛於欄杆內側。

緊急口
緊急狀況時必須使用，所以上方不可放置盆栽，亦不可鋪上腳踏板。

庭院栽種的注意事項

兼具田地和陽台特徵的庭院栽種，
也有很多需要注意的事項

確認病蟲害

比起陽台來說，周圍種有樹木及草花的庭院，遭受病蟲害的機率更高。請仔細確認有無蟲子飛來，或檢查葉片背面是否有蟲卵，在受害前先行採取防蟲對策。

水泥防暑對策

雖然庭院不像陽台一樣高溫，但若要將盆栽放置於水泥地上，盛夏時有必要進行地面的防暑對策。利用木板條、磁磚或紅磚等鋪在盆栽底下，阻斷來自地面的熱氣。

預防寵物攻擊

蔬菜遭受寵物襲擊的事件格外地多，雖然可以防止鳥類的侵害，但將寵物放養於庭院的家庭，可覆蓋寒冷紗或網子等預防寵物攻擊。

請勿直接將盆栽置於地面

在庭院進行盆栽栽種時，容易自缽底爬入蟲子或蛞蝓等，陽台也容易成為蟲子入侵的環境。盆栽缽底一定要鋪上網子，或是將盆栽放置於磚頭上，不要直接放置於地面，以防止蟲害入侵。

放置於顯眼處

栽種於陽台等場所，晾衣服時還有機會欣賞盆栽的蔬菜，但若栽種於庭院時，看見的機會比陽台更少，所以常會忘記給水。因此將盆栽放置於庭院中央或常經過的通道等場所，自然而然不容易被遺忘。

保護盆栽避免受天候的影響

若栽種於沒有屋頂的庭院時，不管怎樣都容易受天候的影響。可能因強風而使植株受傷，或因雨水將泥土濺起而導致病害發生，因此，雨勢過大或颱強風時要將盆栽移至不易受到影響的位置，或事先將盆栽橫倒等預防措施。

陽台防暑對策

整理出最適合蔬菜生長的環境是陽台種菜時最重要的事

和田地不同，若在水泥砌成的陽台上栽種蔬菜時，可能會隨著季節的改變，轉變成對蔬菜而言相當嚴峻的環境。

特別是盛夏的陽台，會因為白天陽光的反射，而造成高溫現象，白天升高的溫度即使到了夜晚還是無法完全降溫。

為了防止日照及反射所引起的高溫現象，可使用葦簾或寒冷紗來阻隔日照，或栽種越熱長得越高的苦瓜或小黃瓜等來作為遮光的阻隔也很適合。這方法在庭院進行盆栽栽種時同樣可以使用。

此外，若在陽台或庭院的水泥地上栽種時，必須阻隔地面的熱氣，此時可利用竹簾、磁磚或紅磚等鋪在盆栽底下阻斷來自地面的熱氣。

主要對策法

不費功夫又簡單的防暑對策，
效果超好，一定要試看看喔！

藤蔓性蔬菜阻隔日照

苦瓜等藤蔓性蔬菜的藤蔓引誘至網子上，即可形成陰影阻隔日照。

鋪木板條

利用盆栽底下鋪木板條或木頭甲板、紅磚等，可降低地面因強烈日照而導致的熱影響。

防寒對策

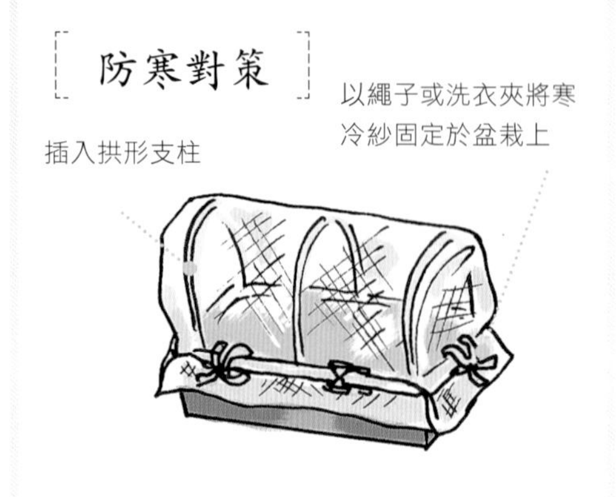

盆栽覆蓋寒冷紗（具有防風、防蟲、遮光效果的網子）可以減低蔬菜面對強風的影響。

架設竹簾

架立竹簾形成陰影，具有緩和強烈日照的效果。

陽台的日照

選擇蔬菜之前，首先要確認日照條件以及了解正確的栽種方法

栽種健康蔬菜的條件之一就是「日照」。

所謂的「日照」，大致上可分為長時間接受陽光照射的「全日照」，以及比全日照的陽光略為弱些的「半日蔭」等。因為日照和陽台或庭園的構造、角度有關，所以如果可以了解方向為朝南或朝北、陽台欄杆為可透光或不透光等諸多條件，就可以知道陽台或庭院等場所是「全日照」或「半日照」。其中也有即使是半日照也可以栽種的蔬菜，所以了解日照狀況後，也較容易決定盆栽的位置。

此外，根據季節的變化，陽光照射的位置也會隨之改變，因此有必要隨著季節移動盆栽的位置。

日照狀況隨條件而不同

隨著季節的改變，陽台內的環境也會改變，
有必要配合季節變化作出栽種計畫。

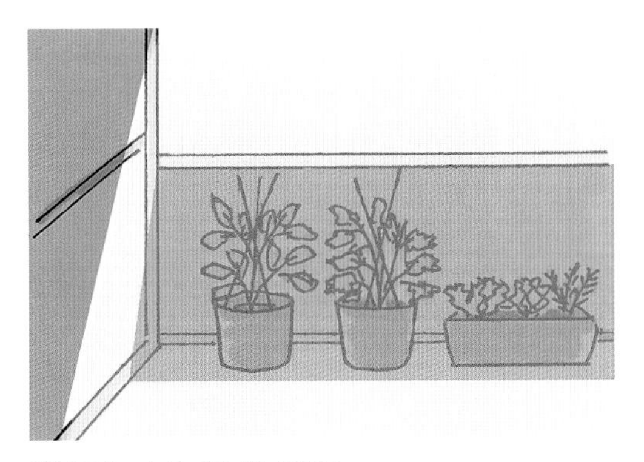

欄杆為水泥牆的情況

因為陽光無法照射進水泥牆，所以欄杆前放置半日蔭栽種的蔬菜，或以台子等略微墊高即可。

陽台夏季的日照

雖然日照強烈，但日正當中時，陽光並不會照射入陽台內，所以請將喜好日照的蔬菜放置於欄杆邊。

半日蔭日照狀況不佳也可以栽種的蔬菜

- 義大利香芹
- 四季豆
- 薑
- 細葉芹
- 歐芹巴西利
- 葉蔥
- 鴨兒芹
- 茗荷

等

陽台春・秋的日照

雖然比起夏天來說，陽光照射的程度略為減緩，但因為太陽的位置低，陽光反而會照射進陽台裡面，此時整個陽台都可以種菜。

給水

看起來很簡單，對盆栽栽種來說卻是最重要的作業

在盆栽裡栽種蔬菜比起在田地裡栽種蔬菜來說，給水的工作更為重要，給的太多或太少都不好。

為了正確地進行給水作業，注意給水的時間和次數非常重要。

土壤表面乾燥時，若夏天則在早晨、冬天則在土壤溫度開始上升的中午前進行給水作業。若早晨沒有時間給水，白天的其他時間也沒有關係。夏季等暑熱時期，早晨給的水分到下午可能就乾燥，所以必須進行再次給水。

盆栽裡的土壤若總是呈潮濕狀態的話，很容易成為根部腐爛的原因，所以最好等土壤乾了後再進行給水，基本上，當天到傍晚時，土壤表面呈現乾燥狀態為最佳。

給水的方法

錯誤的給水方式會成為蔬菜生病及損傷的原因，一定要熟記正確的給水方法喔！

底面吸水

土壤太過乾燥的情況下，一般的給水方式無法全面地使盆栽吸收水分，此時可將盆栽整個放進裝了水的容器裡，讓植株從盆栽底吸收水分。

利用雨水增強溼氣

放在庭院等會直接淋到雨的場所時，就算每天只給予適度的水分，但遇到連續下雨的情況下，總是過於潮濕。同時，雨水所濺起的爛泥常導致生病，最好放置於不會直接淋到雨的屋簷下，只要適度給水也可以安心了。

葉菜類・根菜類・植株低的果菜類給水方式

盆栽整體全面性自葉片上方給水，至傍晚土壤表面呈現乾燥的程度即可。此時，水勢不可過強，可將花灑的噴嘴壓低。

植株高果菜類的給水方式

盆栽整體全面地自根部給水，至傍晚土壤表面呈現乾燥的程度即可。水勢不可過強，可將花灑的噴嘴壓低。

通風

通風狀況也是導致蔬菜生病的原因，所以必須維護蔬菜生長的環境

住家的高度或環境、庭院及陽台的形狀等，都會影響通風的狀況，所以先了解種菜環境的通風狀況是非常重要的事情。

強風吹襲之處，盆栽容易傾倒，土壤也容易乾燥，所以可以架設竹簾或護網作為保護，植株高度較高的蔬菜則置於不受風吹影響的地方等是必要的防風對策。

通風狀況不良的情況下，容易導致病蟲害產生，所以最好盆栽與盆栽之間保持適當距離，或以台子、吊籃等改變高度，使通風良好。

另外，選擇耐乾燥的品種，配合環境選擇蔬菜也可以說是對策之一。

要特別注意冷氣室外機排出的熱氣，和通風情形一樣，若直接面對排出的熱氣會導致蔬菜乾燥等不良影響。

室外機注意點

陽台是生活空間的一部分，
恰如其分地和植物共存非常重要。

若盆栽放置於室外機前，會因為排氣導致蔬菜乾燥等不良影響。
此外，若放置於室外機上方，蔬菜的葉片或颱強風時藤蔓會阻塞室外機的排氣口，一定要避免。

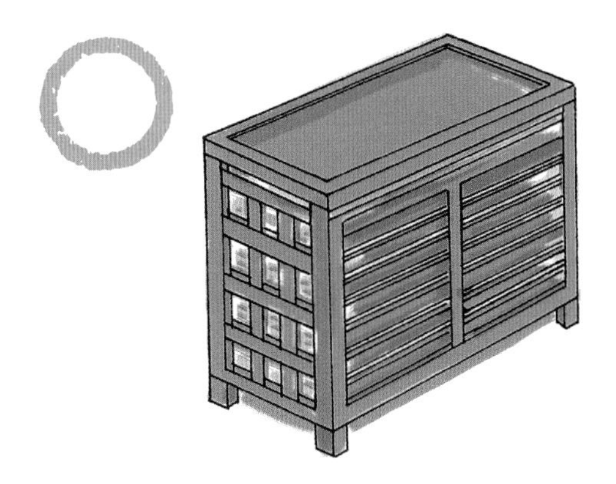

利用室外機保護箱改變排氣的流向，只要不直接對著排出的氣體，盆栽放置於附近則沒有關係。只是要特別注意室外機保護箱安裝時的安全。

依通風狀況，採取不同的位置

藉由改變盆栽的位置，搭配蔬菜使通風良好。

強風的狀況

因為強風容易導致蔬菜受損，此時可架設竹簾，或在欄杆上架設護網等擋風，使風勢減弱。

通風不良的狀況

為了避開強風，可使用吊籃或桌子、台子等提高盆栽高度。此外，藉由盆栽之間保持適當距離，也可以使通風良好。

訂定盆栽種菜計畫

決定主題之後，配合栽培時期和盆栽來選擇蔬菜

種菜之前先訂定種菜的計畫表吧！訂定種菜計畫之後，一整年都可以享受食用季節性蔬菜的樂趣。就連初學者也能做到，趕快把握重點訂定計畫吧！

首先，若喜歡生菜沙拉，想栽種用於沙拉的蔬菜等，當主體決定後即可選擇蔬菜種類。接著，避免栽種時期重疊、選擇適合盆栽大小的蔬菜種類後，種菜計畫即告完成。

就像茄子之後栽種青椒等蔬菜一樣，若使用同樣的土壤連續栽種相同科的蔬菜時，產生所謂「連作障礙」的病蟲害風險相當的高，此時，更換新土或使用再生土壤會比較安心。使用再生土壤時要摻入基肥（參照185頁）。

建議栽種計畫表

參考以下的計畫表，替換想種的蔬菜，
作出屬於自己的盆栽栽種計畫吧！

小型（8公升以上）・中型（16公升以上）以上的盆栽

小型
適合喜歡生菜沙拉的人

這是一份適用於想要以新鮮蔬菜作成沙拉料理的計畫表。不管是哪一種，都是不必費心即可輕鬆栽培的蔬菜。因為小葉菜類包含了菊科的蔬菜，所以栽種前要更換新土或使用再生土壤，以避免連作障礙，會比較安心。

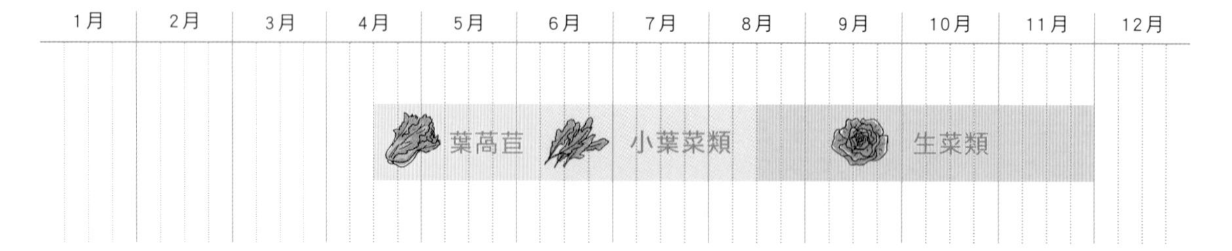

中型
適合想吃時
就可以隨手取得的人

想要在料理中添加香味・調味的蔬菜時，立刻可以使用的方便計畫表。鴨兒芹、珠蔥等不需花費太多心思，採收後只要施放追肥，就可以長期享受採收的樂趣。鴨兒芹不耐酷暑和強烈的日照，所以以半日蔭較容易栽種。

1月 2月 3月 4月 5月 6月 7月 8月 9月 10月 11月 12月

紫蘇
鴨兒芹
珠蔥

中型

適合為蟲害所苦的人

這是一份為了常受蟲害所苦的人所設計的計劃表。落葵或茼蒿皆容易栽種，幾乎不必擔心蟲害。落葵的藤蔓架設支柱或護網進行誘引，也可用作於遮蔽陽光。

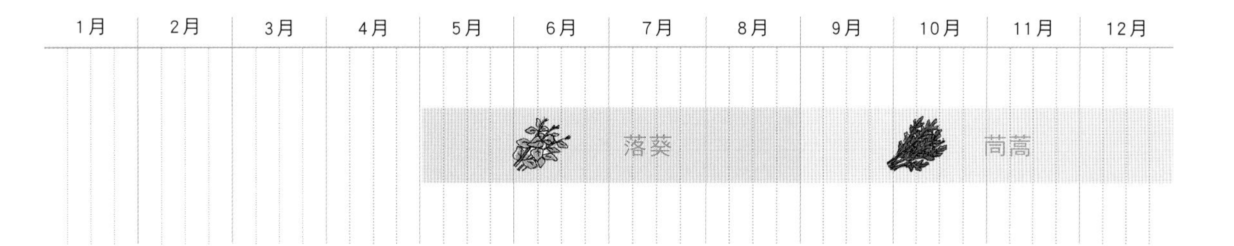

大型（25公升以上）的盆栽

適合想種迷你蕃茄的人

適合想要以盆栽栽種迷你蕃茄的初學者，沒有必要更換土壤，即使寒冷時期也可以栽種，在此建議栽種不需耗費太多時間的櫻桃蘿蔔或菠菜。

1月 2月 3月 4月 5月 6月 7月 8月 9月 10月 11月 12月

櫻桃蘿蔔

迷你蕃茄

菠菜

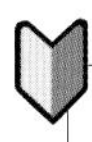

適合真正愛吃青菜的人

這是一份適合初學者以大型盆栽栽種的計劃表。馬鈴薯栽種期短，也不特別挑剔土壤，所以很適合推薦給初學者。包心白菜和白蘿蔔不管栽種哪一種，都不會產生連作障礙，但是包心白菜的難度要高些。

1月 2月 3月 4月 5月 6月 7月 8月 9月 10月 11月 12月

包心白菜

馬鈴薯

白蘿蔔

適合喜歡醃漬物的人

適合喜歡自己醃漬青菜，或對醃漬物特別喜愛的人。小黃瓜雖然栽培簡單，但必須架立支柱，略微花費時間。白蘿蔔不挑剔土壤，栽種較為容易。

1月 2月 3月 4月 5月 6月 7月 8月 9月 10月 11月 12月

小黃瓜

白蘿蔔

種菜必備的用具

盆栽種菜時，方便於作業進行的各種用具。選擇容易使用或設計精巧的工具，每天只要看到這些可愛的工具，工作起來心情也會變得愉快。在此介紹種菜時所需要的各種基本工具。

支柱

盆栽要架立寒冷紗或誘引蔓性蔬菜、支撐植株時使用。比起竹製材質，使用表面包覆樹脂的材質，耐久性佳，使用上也較為容易。

手套

為了避免因工作造成手部乾燥的護手裝備。建議購買具有止滑效果或土壤較不易進入者為佳。

水桶

除了搬運肥料或水，同時可以用於混合土壤。還可以盛裝剪下的枝、葉，依據用途分開使用較為方便。

花灑

澆水或施放液態肥料時使用。花灑的蓮蓬噴嘴朝上時，澆水範圍較寬廣，噴嘴朝下時，則可集中澆水於一處，噴嘴可拆下、可以旋轉者較為方便。

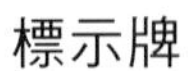

標示牌

為了讓生長中的蔬菜較方便管理，可將蔬菜名稱・日期等標明清楚後，插在盆栽裡。因為外型小巧，像西瓜等需要進行日數管理的蔬菜，可以寫上日期後吊起，可說是非常方便。

噴霧器・噴嘴

噴灑藥劑或僅需噴水於葉片等小範圍時使用。選擇附有刻度者，稀釋液肥時較為方便。

塑膠底墊

進行更換土壤等會弄髒陽台的作業時，鋪在地上有助於保持乾淨地完成工作。堆肥或讓自家產出的廚餘乾燥時，也可以使用。

繩子

誘引莖蔓以及固定支柱、將支柱和蔬菜繫綁固定時使用。

缽底網

為了防止害蟲自盆栽缽底的孔穴進入，以及避免土壤外漏，可將缽底網鋪在孔穴的位置。配合用途自由地剪成所需要的大小使用。

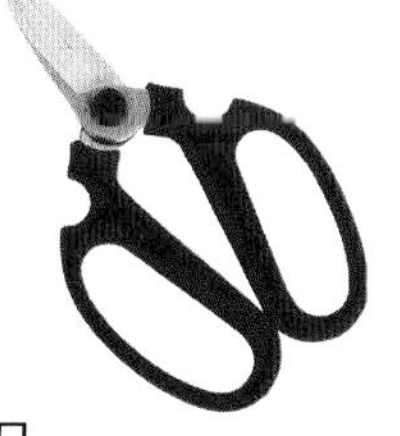

剪刀

蔬苗或摘芯、採收時使用。直播的疏苗工作，選擇前端尖細者較為方便作業。

捲尺

測量播種或定植的株間距離，以及測量盆栽大小時使用。

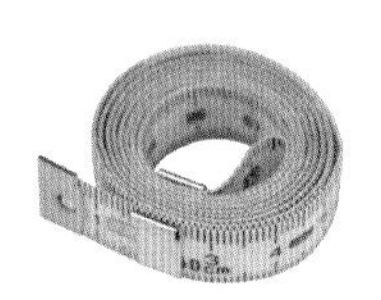

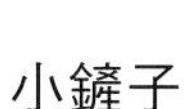

小鏟子

用於幼苗移植或更換土壤，以及必須以鏟子前端和側面進行翻土等情況下。

育苗盆

不直接播種在盆栽裡，而將幼苗培育到某程度大小之後再移植進盆栽裡時所使用的容器。經常使用的是塑膠製9～10.5cm的育苗盆。

如果有更方便的工具

有了這些會讓工作更有效率，事半功倍的小工具。
若能活用的話，能使效率更佳，
種菜的目標也就指日可待！

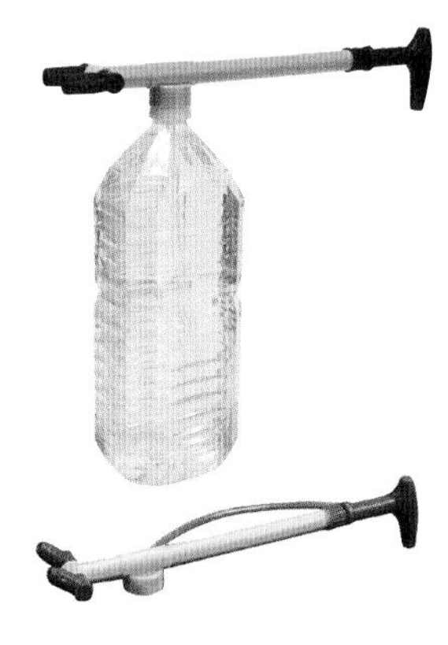

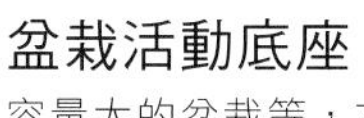

利用寶特瓶作成的噴霧器

只要安裝在寶特瓶的瓶口上，就可以當作噴霧器使用。可配合所需要的液體量改變寶特瓶的容量，非常方便。

自動灌水器

安裝在寶特瓶的瓶口部分，插入盆栽土壤內使用。當土壤中的水分減少後，水分會通過噴嘴，自動補充水分，待土壤中水分充足後，即會自動停止給水，短期出門不在家等非不得已的情況下使用，非常便利。

盆栽活動底座

容量大的盆栽等，本身的重量或許不重，但如果裝入土壤的話，重量可就不堪負荷，只要將盆栽置於活動底座上，就算是無法以手移動的大型盆栽，也可以輕鬆移動。

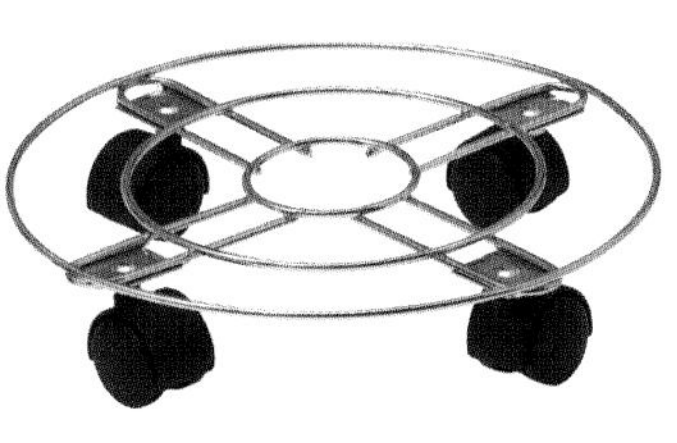

自動給水機

旅行等長時間不在家的期間，可以設定時間自動給水，一次可以同時進行數個盆栽的給水作業，因為附有感應裝置，可以自動調整給水的水量。

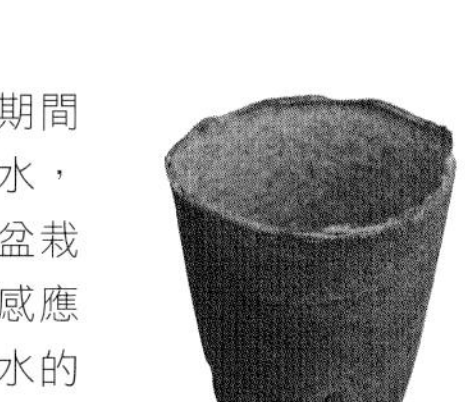

環保盆缽

和一般普通的盆缽不同，不需將盆缽取出，可以直接將此盆缽定植進盆栽裡，由可分解還原的素材製造而成。因為定植時不需將盆缽取下，則不會破壞根缽土或傷及植株根部。

選擇種菜的盆栽

選擇盆栽的重點是栽培蔬菜的大小和性質

選擇盆栽時，除了要考量盆栽的大小、材質、形狀等條件之外，一定還要配合栽種蔬菜的性質。尤其盆栽的大小，必須根據蔬菜的種類，選擇適合的大小。

一般說來，高度低的葉菜類蔬菜就算使用小型盆栽也沒有關係。植株會越長越大的蔬菜，以及可以長時間持續採收的蔬菜，較不易斷肥，選擇中空較大的盆栽為佳。此外，白蘿蔔或牛蒡等根部會筆直地伸入土壤中的根菜類，就需要選擇深度較深的盆栽。

另外，材質的選擇也很重要。陶燒、木製、塑膠製等材質的通氣性都不一樣，因此也要配合蔬菜的性質來選擇盆栽的材質。

盆栽的尺寸大小

考量栽種蔬菜的栽培時間或植株高度，
配合蔬菜大小選擇適合的盆栽吧！

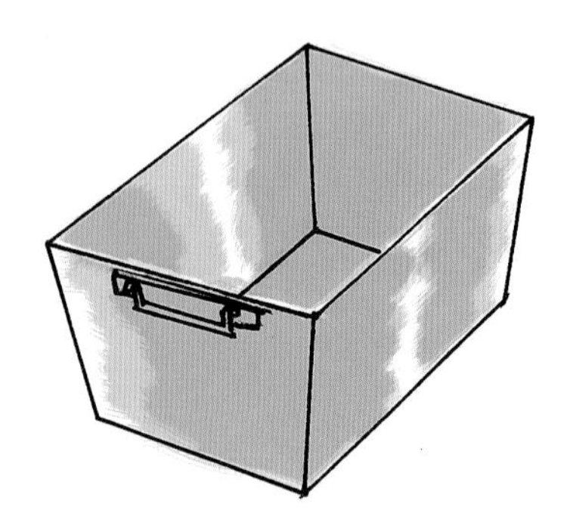

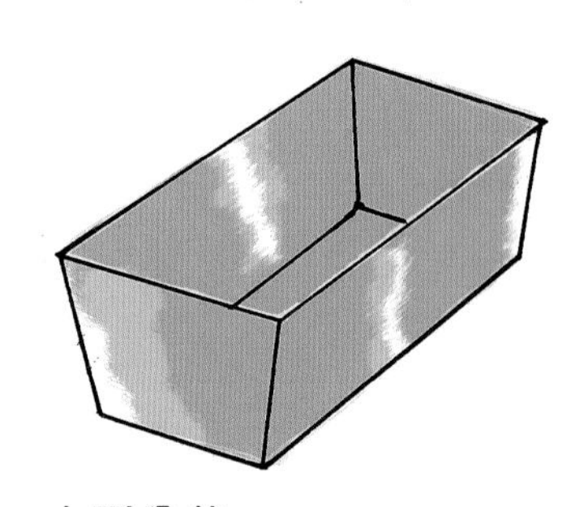

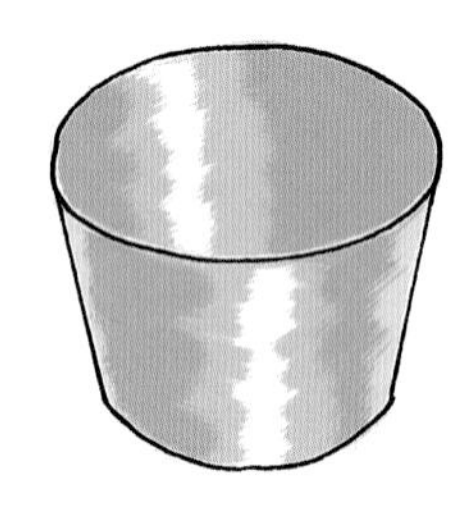

大型盆栽

指容量為25公升以上的盆栽。適合苦瓜或小黃瓜等需要架立支柱，越長越高的蔬菜，或像白蘿蔔、牛蒡等需要深度、栽培期間較長的蔬菜。因為裝入的土壤量也很大，考慮到搬運時的方便，在此建議選擇材質較輕者為佳。

中型盆栽

指容量為16～24公升左右的盆栽。適合黃麻嬰等葉片會擴展開來的葉菜類，或像毛豆等不會往上生長的蔬菜。

小型盆栽

指容量為8～15公升左右的盆栽。適合櫻桃蘿蔔這種栽培期間短或植株不會生長過大的巴西利等蔬菜。不適合用於必須使用支柱或果實較大的蔬菜。

盆栽容量適合蔬菜表

大型盆栽	中型以上的盆栽	小型以上的盆栽
・小黃瓜 ・牛蒡（迷你牛蒡） ・馬鈴薯 ・西瓜（小玉西瓜） ・蕃茄（迷你蕃茄） ・茄子 ・苦瓜 ・青椒 等	・花椰菜（迷你花椰菜） ・豌豆 ・紫蘇 ・榻顆菜 ・羅勒 ・茗荷 ・黃麻嬰 ・萵苣 等	・草莓 ・蕪菁 ・茼蒿 ・韭菜 ・歐芹巴西利 ・薄荷 ・櫻桃蘿蔔 ・芝麻菜（火箭菜） 等

選擇盆栽的重點

雖然眼睛觀察也很重要，但如果能掌握重點，
選擇盆栽也可以很輕鬆。

缽底孔穴充足（不足時必須要開孔，所以選擇容易開孔的材質）

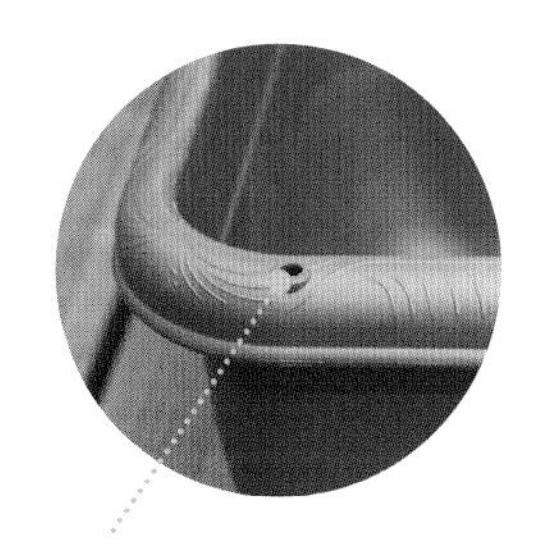

種菜時可以省下不少工夫（已開好架立支柱所需的孔穴）

容易搬運（過大者無把手不容易搬運）

盆栽的材質

參考每一種材質的優、缺點，選出適合蔬菜的盆栽吧
！

木製

優點

- 開孔等加工作業容易
- 通氣性佳
- 具有自然氣息

缺點

- 腐蝕容易裂化
- 含水時重量增加

塑膠

優點

- 材質輕，搬運容易
- 價格便宜
- 容易進行開孔等加工作業

缺點

- 通氣性不佳，夏季內部溫度容易上
- 容易裂開

蔬菜專用盆栽

優點

- 容易架立支柱，附把手可以省下種菜的工夫
- 尺寸豐富
- 重量輕，搬運容易

缺點

- 塑膠製材質大多容易裂開

陶器

優點

- 通氣性佳
- 很多設計性高的產品
- 可長期使用

缺點

- 重量過重，不易搬運
- 掉下或倒下時，容易破裂
- 大多沒有把手，不易搬運

花點心思來選擇盆栽吧！

可用喜歡的容器當作種菜的盆栽

不僅是蔬菜的生長令人歡喜，賞心悅目的容器也是盆栽栽種的樂趣之一。屬於每天都需要看顧的栽種法，所以挑選自己喜歡的容器來增添快樂吧！

葡萄酒箱或麻布袋等，原本就不是為了栽培植物所設計的，但是若花點小心思，也可以作為盆栽使用。利用外型可愛的小物，可以改變氣氛，非常有趣。

此外，像寶特瓶等雖然是使用完就丟棄的東西，但也可以當作盆栽使用，空間雖狹小，但想要挑戰看看的人，也可以輕鬆完成。

如果有喜歡的容器，花點心思改造看看吧！

用心改造盆栽實例

如果要替代盆栽的功能，就必須花點心思。
若缺少排水孔穴，就適度地挖出排水孔吧！

麻袋

就算不挖排水孔穴也可以，通氣性佳，可以當作盆栽使用。大一點的麻袋，可以栽種白蘿蔔或薯類等蔬菜。另外，如果內側有層薄膜的話，要先將薄膜撕下再行使用。

金屬容器

金屬製的小物或容器，如果有排水孔的話，就可以作為盆栽使用。質地較輕或附有把手者，使用起來較為方便。只可惜通氣性不佳，暑熱時盆栽本身溫度也會提高，要特別注意。

葡萄酒箱

底部開出數個排水孔後，就可以當作木製盆栽使用。缺點是比一般的木製盆栽容易腐爛，又缺乏把手，移動上較為困難。

寶特瓶

喝完飲料的大罐寶特瓶，直立狀剪成一半，平放狀將側面剪開使用。底部開出數個排水孔，就可以當作盆栽使用了。因為容器本身容量小，無法栽種根部往下延伸生長的蔬菜，但可以栽種像芝麻菜、小葉菜等根部不會擴大延伸的蔬菜。

第2章
盆栽種菜的方法（果菜類）

艷紅香甜的果實充滿維生素C

草莓

薔薇科

Strawberry

雖然栽種期間長，被列為栽種較為困難的類別，
但如果進行盆栽栽種，
可以直接在陽台享受採草莓的樂趣。
含有豐富的維生素C和食物纖維，
除了生食之外，還可以作成果醬和果汁等廣泛用途。

1 定植

10月中旬～**11**月上旬

走莖朝向內側定植

生長點
定植時，不要掩埋位於葉柄根處被稱為「生長點」（莖・生長點）的部分。

走莖
（自母株發出的莖）
和走莖相反的一側會結出果實，所以將走莖側置於內側定植的話，採收時會更方便。

距離盆栽邊緣約5cm處挖出育苗盆大小的植穴，以手指輕夾住植株將育苗盆倒過來，不破壞根缽土地將植株取出。

不發走莖的一側朝向盆栽外側，定植時不要掩埋了生長點，以手輕壓植株根部後給水。進行給水管理至隔年2月。

Point

難易度 困難　**日照** 全日照

- 因為生長時間長，栽培上較為困難。
- 購入幼苗定植。
- 定植時，切勿掩埋生長點（莖・生長點）
- 結果的一側朝向盆栽外側定植。

生長適溫 20～25℃

病蟲害 白斑病、褐炭病、灰黴病、蚜蟲

盆栽大小 小型以上　8公升以上

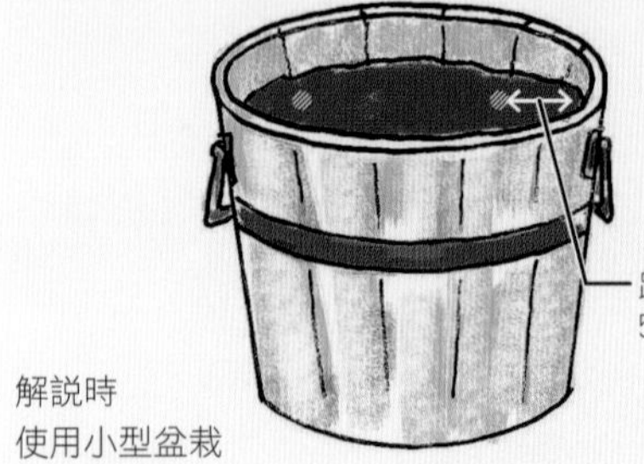

解說時
使用小型盆栽

栽培時間表

註:本書的栽培時間表以「日本地區」為準，請讀者特別注意。

1月	2月	3月	4月	5月	6月	7月	8月	9月	10月	11月	12月
								定植			
			翌年採收								

2 追肥①②

①翌年 2月下旬～3月上旬 ②翌年 3月下旬～4月上旬

到了春天分成2次進行追肥

幼苗定植後隔年的2月下旬～3月上旬（冬天休眠後，再次開始發芽時）和3月下旬～4月上旬（開始發出花芽時），每一植株周圍（葉片下方）施予一小撮（5g左右）化學肥料。

施肥後以手指淺淺地鬆土，不掩埋生長點的情況下將表面整平。

3 摘除走莖

翌年 3月中旬～6月上旬

走莖開始延伸後必須摘除

為了讓養份集中於果實，當春天走莖開始延伸後，必須以手或剪刀除去。

4 人工授粉

翌年 3月下旬～5月上旬

藉由人工授粉，結出外形佳的果實

為了結出外形良好的果實，必須進行人工授粉。手輕觸著花朵，以筆輕沾花朵中心處使其授粉。雌蕊均勻地受粉可以結出外形佳的果實。

5 採收

翌年 5月上旬～6月上旬

果食紅熟後即可採收

果實長大完全成熟轉紅後就是採收期。

果實長大完全成熟變紅後即可採收。注意不要碰傷果實，以手指輕輕握住，另一手自果柄處摘下即可。

夏天不可缺少、營養豐富的健康蔬菜

毛豆

豆科

Soybean

毛豆是大豆未成熟前的果莢。
含有豐富蛋白質、維生素C等豐富營養素。
雖然生長期略長，
但即使是初學者也能輕鬆栽種。
只是容易招致椿象等害蟲，
必須要有適當的防蟲對策。

1 播種

5月上旬～5月下旬

間隔10～15cm進行點播

1 間隔10～15cm的距離，作出深約1cm的植穴，不重疊地播入3～4粒種子。

2 播種後覆蓋周圍土壤，以手輕壓。

3 最後進行給水。本葉發出前，可用切半的寶特瓶空罐將種子蓋住，避免鳥類啄食。

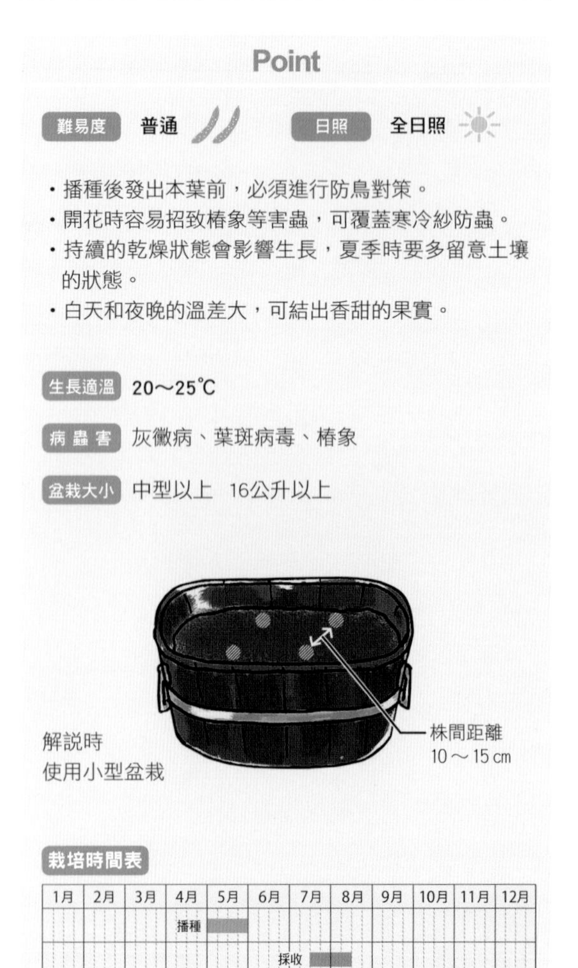

Point

難易度 普通　**日照** 全日照

- 播種後發出本葉前，必須進行防鳥對策。
- 開花時容易招致椿象等害蟲，可覆蓋寒冷紗防蟲。
- 持續的乾燥狀態會影響生長，夏季時要多留意土壤的狀態。
- 白天和夜晚的溫差大，可結出香甜的果實。

生長適溫 20～25℃

病蟲害 灰黴病、葉斑病毒、椿象

盆栽大小 中型以上　16公升以上

解說時
使用小型盆栽

栽培時間表

1月	2月	3月	4月	5月	6月	7月	8月	9月	10月	11月	12月
			播種	■■■■							
					採收	■	■■				

4 收穫

7月中旬～**8**月中旬

豆莢內的豆子膨脹起來時就是適合採收期

將豆莢壓住而豆子會飛出時，就是適合採收的時期。

以剪刀將豆莢一個個剪下，或從根部整株剪下採收皆可。

盆栽栽培 Q&A〔椿象〕

Q 為什麼結莢狀況不佳呢？

A 因為毛豆喜好強烈日照，若盆栽置於日照良好處，且種植數株過多時，茂密的葉片會阻隔了陽光的照射，因此最好是擴大株間距離來改善此狀況。此外，肥料施放過多，造成僅葉或莖生長茂密，反而成為豆莢結莢狀況不佳的原因。

Q 豆莢果實尚未長大就落莢的現象。

A 這是椿象造成的結果。椿象經常附著於豆科蔬菜，吸食莖或葉的汁液。當毛豆開始結莢時，若遭椿象吸食汁液，就會造成豆莢果實尚未長大就落莢的現象。看見椿象的蹤跡就立刻撲殺，或覆蓋寒冷紗等進行防蟲對策。

2 疏苗

5月下旬～**6**月中旬

本葉發出2～3片後僅留下2株健苗

本葉發出2～3片後，1處只留下2株生長狀況良好的健苗，將其他生長狀況不良的幼苗摘除。疏苗時為避免傷及其他幼苗，最好以剪刀剪除。

3 追肥

6月中旬～**7**月上旬

小花開出後即可進行追肥

開始開出小花後，每植株周圍約施放一小撮（2～3g）的化學肥料。追肥後以手指淺淺地進行鬆土，將土壤表面整平。

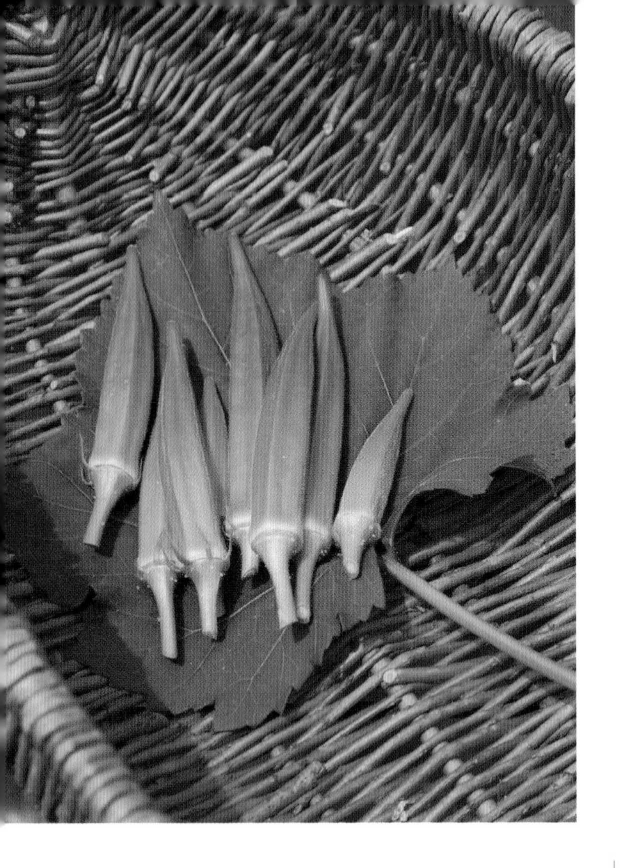

秋葵

能開出美麗花朵、耐暑熱的健康蔬菜

錦葵科

Okra

原產於非洲，
雖然耐寒性不佳，
但不受土壤狀態的影響，
且耐熱性強，
即使是初學者也能輕鬆栽種的夏季蔬菜。
此外，會開出美麗的黃色花朵，
令人賞心悅目。

1 播種

3月下旬～4月下旬

間隔10～15cm進行點播

1 間隔10～15cm的距離，作出深約1cm的植穴，不重疊地播入2～3粒種子。

2 播種後覆蓋周圍的土壤，以手輕壓。

3 最後以澆花器進行給水。

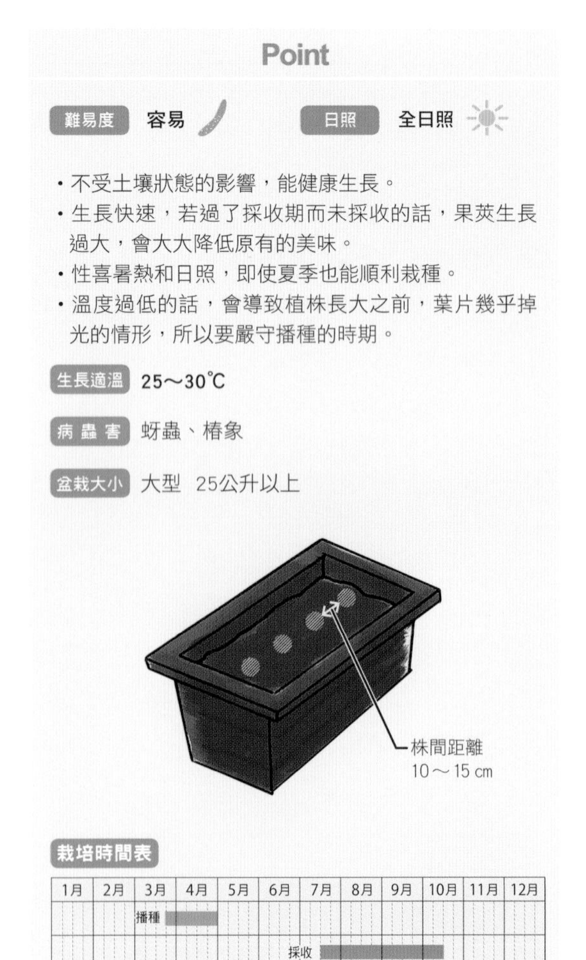

Point

難易度 容易　　**日照** 全日照

- 不受土壤狀態的影響，能健康生長。
- 生長快速，若過了採收期而未採收的話，果莢生長過大，會大大降低原有的美味。
- 性喜暑熱和日照，即使夏季也能順利栽種。
- 溫度過低的話，會導致植株長大之前，葉片幾乎掉光的情形，所以要嚴守播種的時期。

生長適溫 25～30℃

病蟲害 蚜蟲、椿象

盆栽大小 大型　25公升以上

栽培時間表

	1月	2月	3月	4月	5月	6月	7月	8月	9月	10月	11月	12月
播種			■	■								
採收							■	■	■			

2 疏苗①

4月上旬～5月上旬

雙葉發出後，疏苗留下2株健苗

雙葉發出後，將生長狀況不良的幼苗摘除，1處只留下2株生長狀況良好的健苗。疏苗時為避免傷及其他幼苗，最好以剪刀自根部剪除。

3 疏苗②

5月上旬～5月下旬

本葉發出2～4片後，疏苗留下1株健苗

本葉發出2～4片後，將另一生長狀況不良的幼苗摘除。疏苗時為避免傷及其他幼苗，最好以剪刀自根部剪除。

4 追肥

5月下旬～9月中旬

1個月進行1～2次追肥

第2次疏苗後約3週左右，可視生長狀況決定，1個月進行1～2次追肥。每一植株周圍（葉片下方）成畫圓狀施予一小撮（2～3g左右）化學肥料。追肥後以手指淺淺地鬆土並將表面整平。

5 採收

7月中旬～10月中旬

蒴果長度約6～7cm即可採收

開花後約7～10日，蒴果長度約6～7cm時最適合採收。過遲採收，蒴果口感會變差。果柄較為硬，最好以剪刀進行採收。

為了讓通風良好，採收後蒴果莖節以下的葉片必須全部摘除。

營養價值高、容易栽培，果菜類中的最高級蔬菜

南瓜（迷你南瓜）

瓜科

Pumpkin

耐寒、耐暑性皆強，
對土壤有強烈適應能力的南瓜，
是果菜類中容易栽種的種類，
建議初學者嘗試看看。
營養豐富，含有可提高免疫力的胡蘿蔔素，
以及促進血液循環的維生素E等多種營養素。

1 定植

5月中旬～**6**月中旬

盆栽正中央種植1株為基本

盆栽正中央作出盆缽大小的植穴，以手指夾住本葉已發出4～5片的幼苗根部，將育苗盆倒過來，不破壞根缽土地將幼苗取出。

定植後植株根部覆蓋土壤，再以手輕壓。

最後以澆花器進行給水，使根部和土壤密合。

Point

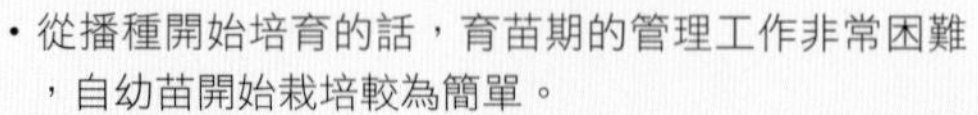

- 從播種開始培育的話，育苗期的管理工作非常困難，自幼苗開始栽培較為簡單。
- 雖然略微耗費功夫，但因耐暑、耐寒性皆佳，栽培容易。
- 若非確實進行整枝和誘引，生長初期，藤蔓會過度延伸生長而造成作業上的困難。
- 透過人工授粉，確保結果。

生長適溫 17～20℃

病蟲害 白斑病、蚜蟲、瓜葉蟲

盆栽大小 大型 25公升以上

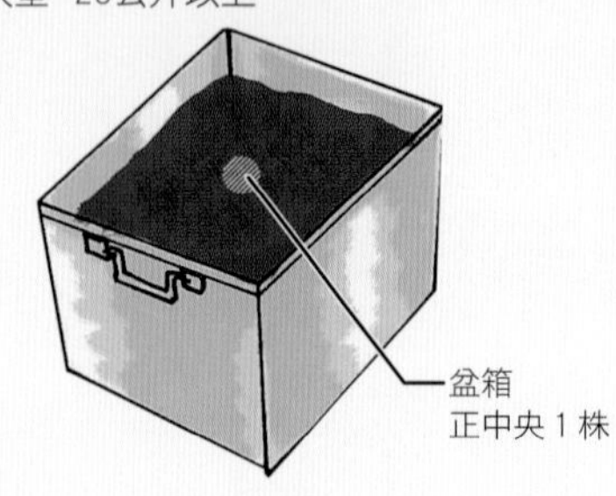

栽培時間表

1月	2月	3月	4月	5月	6月	7月	8月	9月	10月	11月	12月
				定植							
						採收					

2 摘芯

6月上旬～7月上旬

定植後約2週，進行摘芯，只留下1支主莖蔓延伸生長

主莖蔓（主枝）
子莖蔓（側芽）
子莖蔓（側芽）
子莖蔓（側芽）

子莖蔓（主莖蔓和葉柄間發出的側芽）必須全部摘除，只留下1株主莖蔓。之後所發出的子莖蔓都必須剪除，只留下主莖蔓繼續生長。

其他子莖蔓（側芽）發出時，隨時以手摘除。

3 立支柱

6月上旬～7月上旬

摘芯後必須架立支柱

盆栽四個角落各立下150cm的支柱。

為了避免支柱移動，可以鐵絲等確實固定。

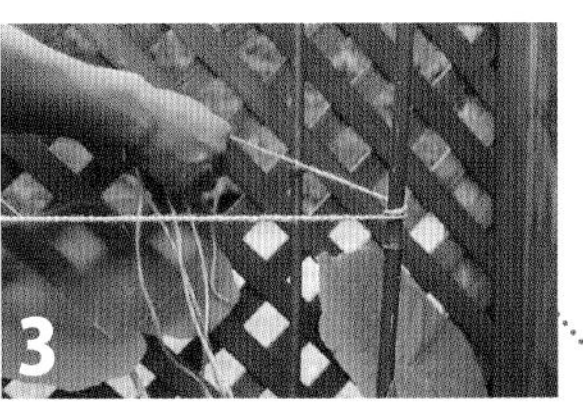

立起的支柱上，在藤蔓容易誘引的高度處先將繩索綁住固定後，再將繩索環繞其他支柱一圈，回到原來的地方後再次打結固定。

將藤蔓誘引至支柱上，繩子打成8字結（參照186頁），鬆鬆地綁住藤蔓與支柱。隨著藤蔓持續延伸，隨時進行誘引的動作。

6 追肥

7月上旬～**7**月下旬

當果實生長至拳頭般大小時進行追肥

果實成長至拳頭般大小時，每一植株周圍（葉片下方）施予一小把（10g左右）的化學肥料。追肥後以手指淺淺地鬆土並將表面整平。

7 採收

8月上旬～**8**月下旬

開花後約35～50天為採收期

開花後約35～50天，果柄部分因木質化而轉成茶色時，就是採收的最佳時期。

採收時，以剪刀剪斷蒂頭即可。過遲採收口感會變差，要特別注意。採收後放置於適溫下即可長期保存。

4 人工授粉

6月中旬～**7**月中旬

利用雄花讓雌花授粉

摘下雄花的花瓣，將露出的雄蕊輕輕沾觸雌蕊的前端進行授粉。

5 果實垂下

6月下旬～**7**月下旬

果實生長後，為避免落下，可以繩索支撐懸掛

對角的2根支柱上，橫架一支短支柱，以繩索確實綁緊。然後將繩索一端綁在南瓜的蒂頭上，為了避免藤蔓承受南瓜過重的壓力，將另一端綁在短支柱上。

小黃瓜

才種下就能感受摘下後的水嫩感覺

瓜科

Cucumber

常使用於醃漬物或沙拉、小菜等料理，
雖然沒有所謂豐富的「營養素」
但聽說具有消水腫的功效喔！
和需要支柱、摘芯、
整枝等容易栽培的蔬菜比起來，
雖然有一點費工，
卻會被剛摘下時的水嫩感覺深深感動喔！

Point

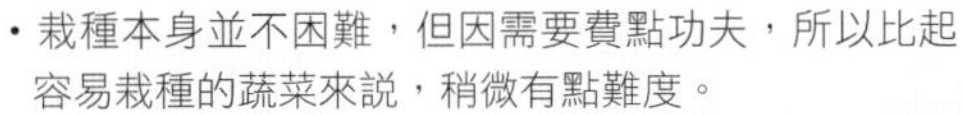

難易度 普通　**日照** 全日照

- 栽種本身並不困難，但因需要費點功夫，所以比起容易栽種的蔬菜來說，稍微有點難度。
- 從播種開始培育的話，育苗期的溫度管理非常困難，以幼苗進行定植較為簡單。
- 瓜身形狀不佳，是因為延遲採收或乾燥等因素導致植株疲軟而造成的現象，所以要遵守採收時間，並注意水分的補充。

生長適溫 18～25℃

病蟲害 白斑病、褐炭病、黃斑病、薊馬、蚜蟲、瓜葉蟲

盆栽大小 大型　25公升以上

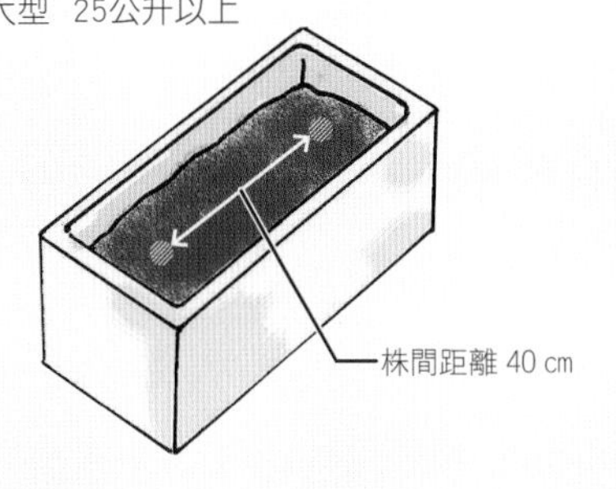

栽培時間表

1月	2月	3月	4月	5月	6月	7月	8月	9月	10月	11月	12月
			定植								
				採收							

1 定植

4月下旬～5月下旬

株間距離40cm進行定植

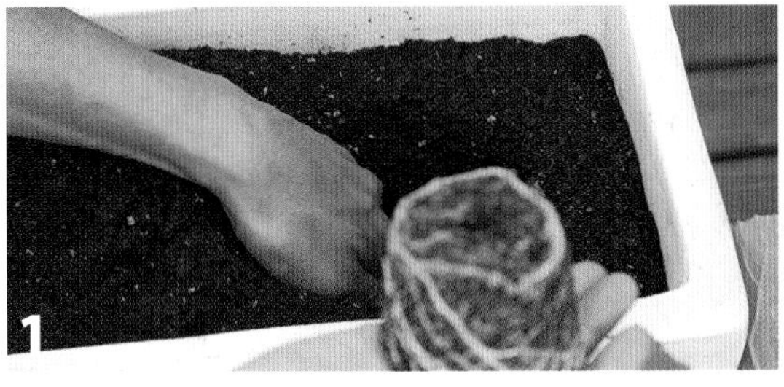

株間距離40cm處，挖出育苗盆缽大小的植穴，以手指夾住幼苗根部，將育苗盆倒過來，不破壞根缽土地將幼苗取出。

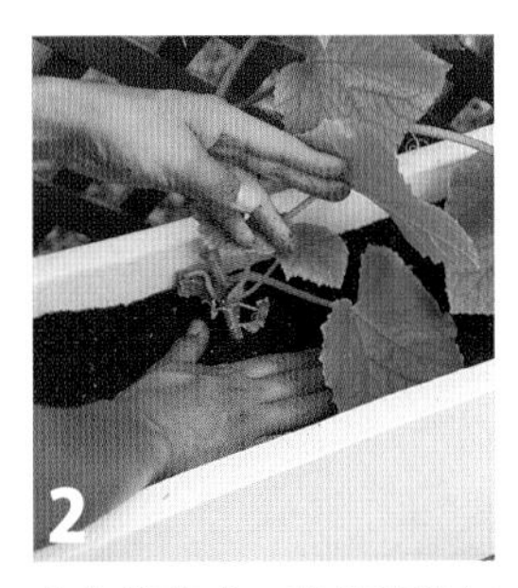

若有接苗處，定植時請勿掩埋，自上方以手輕壓。

以澆花器進行給水，使根部和土壤密合。

2 立支柱・誘引①

4月下旬～**5**月下旬

定植時同時立支柱

盆栽四個角落各架立1根支柱。

4根支柱的前端，以繩索綁束固定。

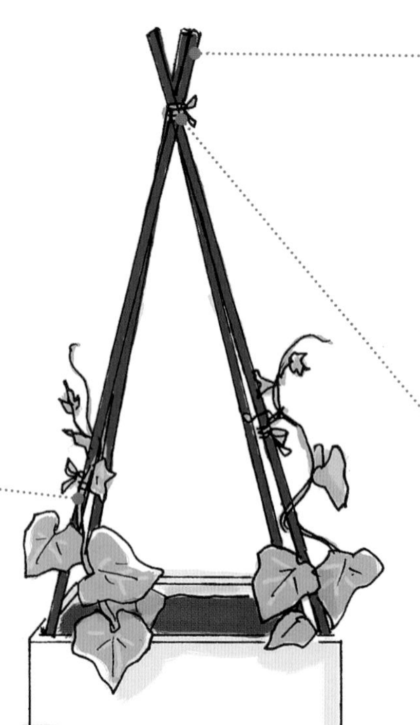

配合生長狀況，將繩子打成8字結（參照186頁），隨時進行誘引的動作。

4 誘引②

5月上旬～**6**月下旬

誘引生長中的藤蔓

因為莖蔓生長快速，必須配合生長狀況，隨時將繩子打成8字結（參照186頁）誘引至支柱上，使莖蔓不斷地往上生長。

3 摘芽

4月下旬～**5**月下旬

側芽摘除至第6節

因為植株生長快速，自主莖蔓根部數來第6節為止，此間所發出的側芽必須全部摘除。

5 追肥

5月上旬～7月下旬

定植兩週後進行追肥

定植兩週後，每一植株周圍（葉片下方）施予一小撮（5g左右）的化學肥料。

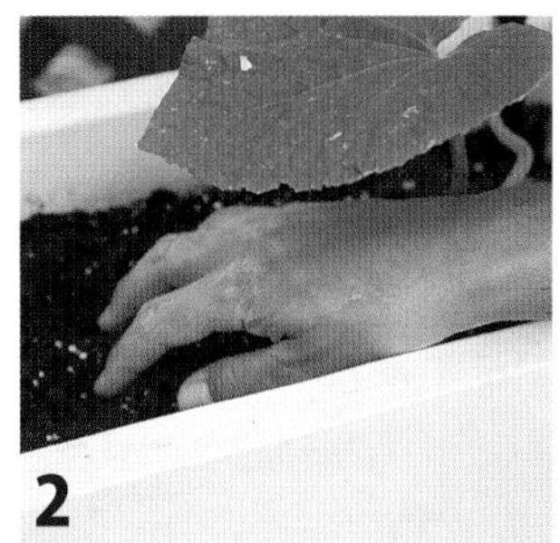

追肥後將土壤和肥料混合後將表面整平。

6 採收初果

5月下旬～6月中旬

為了植株生長必須採收初果

為了讓養份集中在植株上，要趁早採收最初結成的果實。趁植株尚小時進行採收，對植株的生長才有幫助。

7 整枝・摘芯

5月下旬～7月下旬

透過整枝・摘芯幫助植株生長

過度延伸生長的莖蔓會影響工作的進行，可將主莖蔓摘芯，調整成較方便工作的高度。

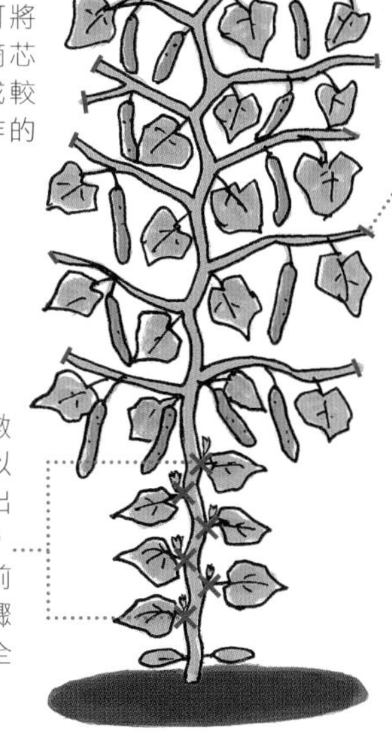

過度生長的子莖蔓，會造成通風不良而導致病害的原因，所以只需保留2節，其餘進行摘芯。

自根部數來第6節以下所發出的側芽，必須在前述第3步驟摘芽時全部摘除。

8 採收

6月上旬～8月中旬

瓜身長度20cm時即可採收

瓜身長度20cm、粗約3cm時，以剪刀剪斷蒂頭即可採收。瓜身彎曲且形狀不佳，是因為採收過遲，植株養分全供應至果實，或因高溫期水分不足所引起的乾燥等因素導致植株疲軟而衰竭，雖然味道上不會有影響，但如果很在意，就把所有果實全部摘除後再進行追肥，並注意水分的補充。

自根（未接枝）栽培的小黃瓜的果實表面會產生一層白粉，那是小黃瓜為了防止水分蒸發自我保護而產生的果粉，並無任何不良影響。

含有豐富的胡蘿蔔素、維生素C，短期間即可採收

四季豆

豆科

Snap bean

作為食用果實的蔬菜來說，
採收期間約60日左右，
屬於健康、絕少失敗的蔬菜。
被分類為綠黃色蔬菜，
含有豐富的胡蘿蔔素、維生素C等營養素。
此外，還含有天門冬醯胺酸及賴氨酸等，
具有美肌及消除疲勞的效果。

1 播種

5月上旬～6月上旬

1處約播下3～4粒種子

1 間隔20cm左右，挖出深約1cm的植穴，不重疊地播入3～4粒種子。

2 播種後覆蓋周圍的土壤以手輕壓，讓土壤和種子密合。

3 最後進行給水。在本葉發出之前，可用切半的寶特瓶空罐將種子蓋住，避免鳥類啄食。

Point

難易度 容易　**日照** 全日照～半日陰

- 耐霜能力弱，發芽溫度為20℃左右，所以必須等溫度上升時再行播種。
- 播種後遲不發芽，原因之一可能是被鳥吃了，因此播種後可覆蓋寒冷紗或將寶特瓶空罐切半（參照177頁）後將種子蓋住，進行防鳥對策。
- 持續的乾燥狀態會影響生長，夏季時要多留意土壤的狀態。
- 會感染病毒，所以要特別注意蚜蟲和粉蝨。

生長適溫 15～25℃

病蟲害 葉斑病毒、灰黴病、薊馬、蚜蟲、葉蟎、潛葉蠅

盆栽大小 中型以上　16公升以上

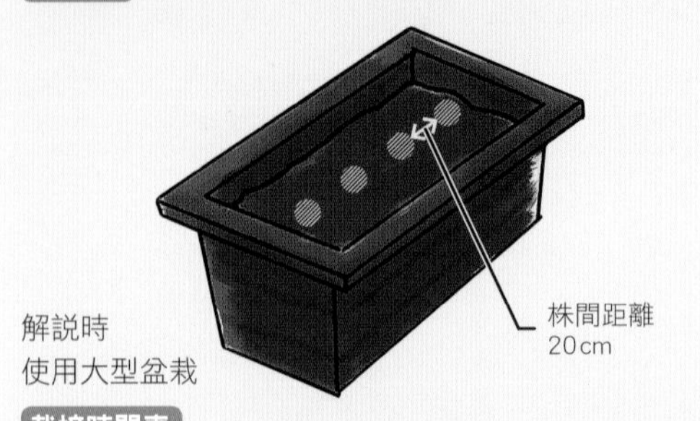

解說時
使用大型盆栽

栽培時間表

1月	2月	3月	4月	5月	6月	7月	8月	9月	10月	11月	12月
			播種	■	■						
					採收 ■	■					

4 追肥

6月上旬～7月下旬

葉片顏色不佳時，必須進行追肥

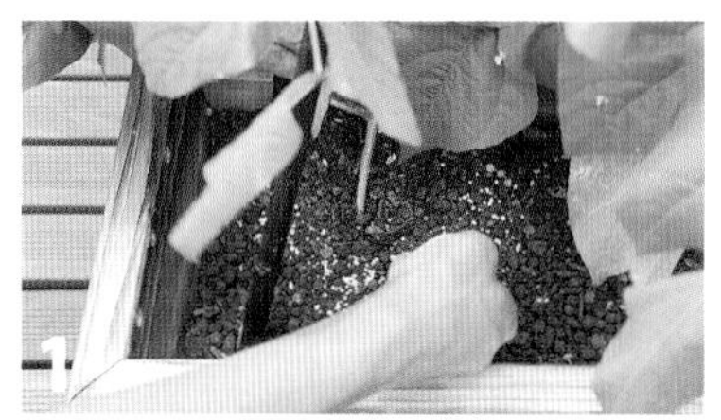

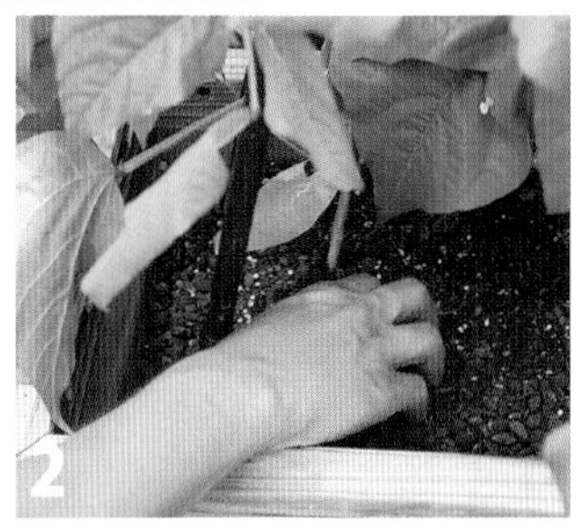

雖然幾乎沒有追肥的必要，但是當葉片顏色變差時，每植株周圍約施放一小撮（2～3g）的化學肥料。追肥後以手指淺淺地進行鬆土讓土壤和肥料混合，再將土壤表面整平。

5 收穫

6月下旬～8月上旬

花開之後10～15天即可採收

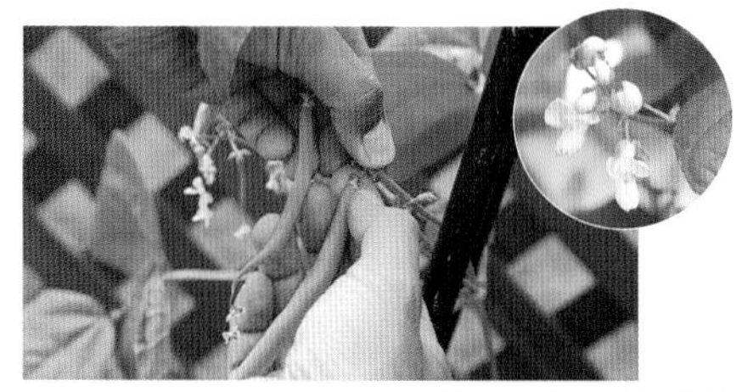

花開之後10～15天，豆莢長度約12cm時，就是適合採收的時期。趁豆莢中的豆子尚未變大之前，將豆莢摘下，或以剪刀將豆莢一個個剪下。

盆栽栽培 Q＆A

Q 藤蔓延伸的空間不足該怎麼辦？

A 雖然栽培・收穫期間短，但還是建議栽種植株不太高的無莖蔓品種，除了架立支柱之外，其他的栽培方法都相同。

2 疏苗

5月中旬～6月下旬

本葉發出2片後進行疏苗

在本葉發出2片時，將生長狀況不良或莖葉受傷的幼苗以剪刀剪除，1處只留下2株生長狀況良好的健苗。疏苗時以手壓住植株根部的土讓，避免傷及其他幼苗。

3 立支柱・誘引

6月上旬～7月中旬

立支柱進行誘引

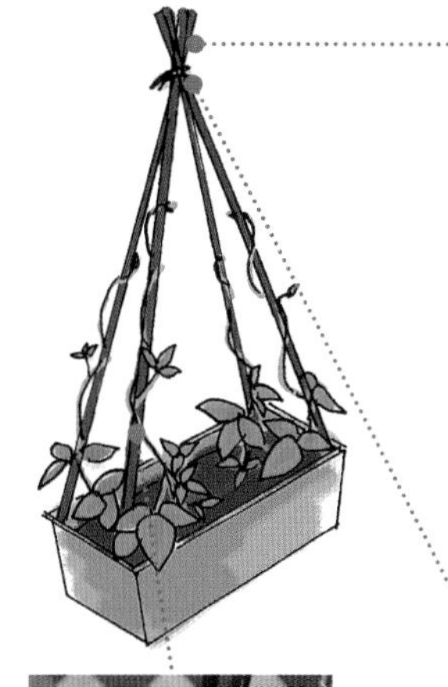

藤蔓開始生長之前，必須在盆栽裡架立100～150cm的支柱確實固定。

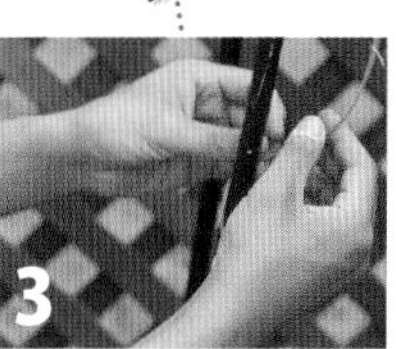

將藤蔓誘引至支柱上，藤蔓繼續延伸生長後，隨時進行誘引（參照186頁。）

4根支柱的前端，再以繩索綁束固定起來。

擁有不同品種，營養卻同樣豐富的蔬菜

豌豆

豆科

Garden pea

生長至採收，
全程需架立長支柱，
綠色碗豆粒、甜豌豆、
豌豆等依據所食用的部位不同，
種類也各有不同，
同時可以欣賞漂亮的豌豆花。
含有胡蘿蔔素及維生素C、
以及豐富的食物纖維，
營養價值也非常高。

1 播種・疏苗

10月中旬～11月上旬（播種）11月中旬～12月上旬（疏苗）

點播之後進行疏苗

間隔30～35cm，挖出深約1cm的植穴，播入3～4粒種子。播種後覆蓋周圍的土壤以手輕壓，最後進行給水，再以切半的寶特瓶空罐將種子蓋住，避免鳥類啄食。

植株高度約15～20cm時，將生長狀況不良或莖葉受傷的幼苗以剪刀剪除，1處只留下2株健苗即可。之後一直到春天，隨時注意給水的管理。

Point

難易度 普通　日照 全日照

- 嚴守播種期播種。
- 播種後遲不發芽，原因之一可能是被鳥吃了，所以播種後可以覆蓋寒冷紗或將寶特瓶空罐切半（參照177頁）後將種子蓋住，進行防鳥對策。
- 立支柱、誘引藤蔓使其繼續生長。

生長適溫 15～20℃

病蟲害 白斑病、蚜蟲、夜盜蛾、潛葉蠅

盆栽大小 中型以上　16公升以上

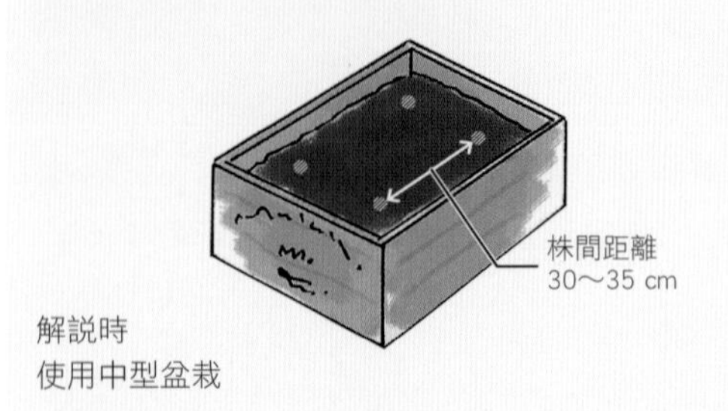

解說時
使用中型盆栽

栽培時間表

1月	2月	3月	4月	5月	6月	7月	8月	9月	10月	11月	12月
									播種	■	
		翌年採收	■	■							

2 立支柱・誘引

翌午 2 下旬～ 3 月中旬

藤蔓延伸後，立支柱進行誘引

3

將藤蔓誘引至支柱上，繩子以8字結（參照186頁）綁起。

每一支柱的高度約30～40cm，以繩子環繞一圈後固定。待藤蔓繼續延伸生長後，再往上增加一層繩圈，隨時進行誘引。

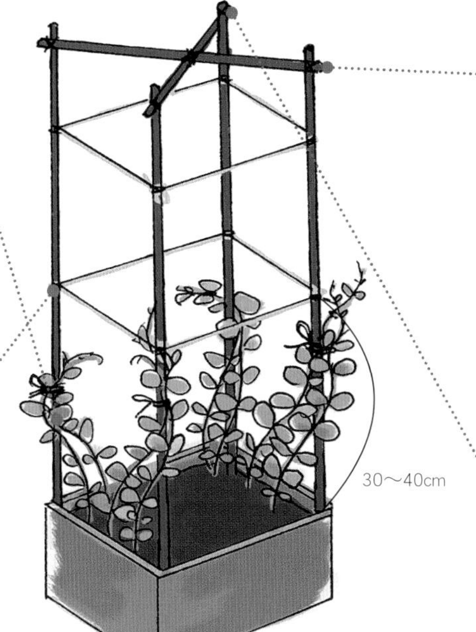

植株高度約20～30cm時，在盆栽四角架立100～150cm的支柱確實固定。

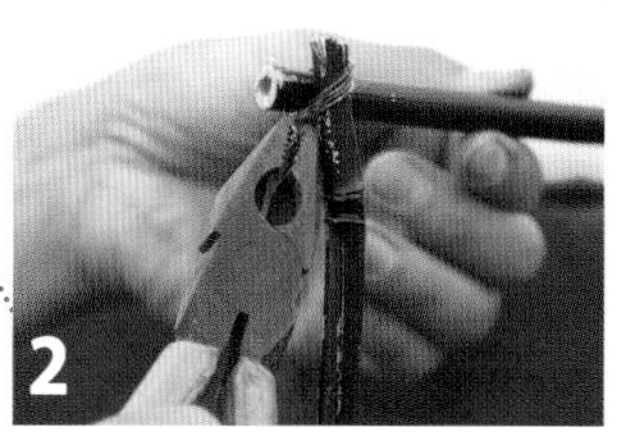

支柱的前端至對角的支柱上，橫架另一支短支柱，以繩索固定。

4 收穫

翌年 4 月下旬 ～ 6 月上旬

當豆粒膨脹後即可採收

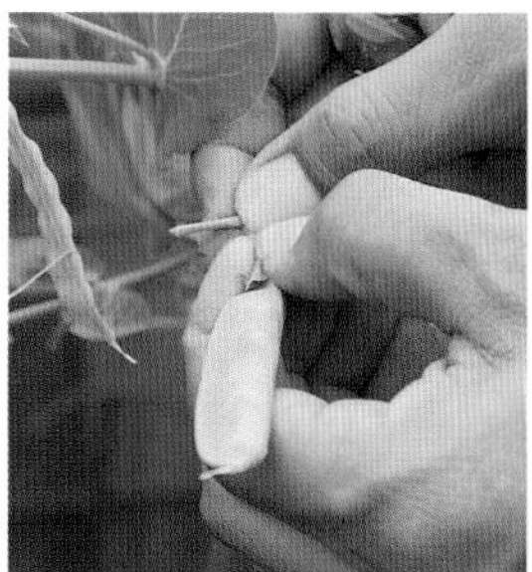

自外觀看來，豆莢內的豆粒膨脹起來時，就是適合採收的時期。自蒂頭處摘下，或以剪刀將豆莢一一剪下即可。

3 追肥

翌年 2 月下旬 ～ 4 月下旬

架立支柱及開花後，進行追肥

架立支柱及開花後，每一播種處約施放一小撮（2～3g）的化學肥料於植株周圍。追肥後以手指淺淺地進行鬆土，再將土壤表面整平。

獅子椒

含有豐富維生素、不辣的辣椒

茄科

Sweet pepper

性喜日照及高溫，
但不喜歡乾燥，
所以建議以大型盆栽進行栽培。
是青椒的同類，
名稱的由來源自於前端形狀，
看起來像獅子的頭部。
含有大量的維生素，
具有消除疲勞、恢復體力的效果。

1 定植

5月上旬～5月下旬

本葉發出6～7片後定植幼苗

間隔25cm左右，挖出與育苗盆同樣大小的植穴，將本葉發出6～7片的幼苗定植。

播種後覆蓋周圍的土壤，讓土壤與種子密合後以手輕壓。

每株各立100cm的支柱進行誘引，最後進行給水作業。

Point

難易度 普通　**日照** 全日照

- 因為生長溫度較高，所以高溫後再行栽種。
- 性惡乾燥及潮濕，要特別注意土壤的狀態。
- 進行摘芽，讓大量的枝葉延伸生長。
- 從播種開始培育，育苗期的管理工作非常困難，建議自幼苗開始栽培較為簡單。

生長適溫 18～32℃

病蟲害 白斑病、葉斑病毒、蚜蟲

盆栽大小 大型　25公升以上

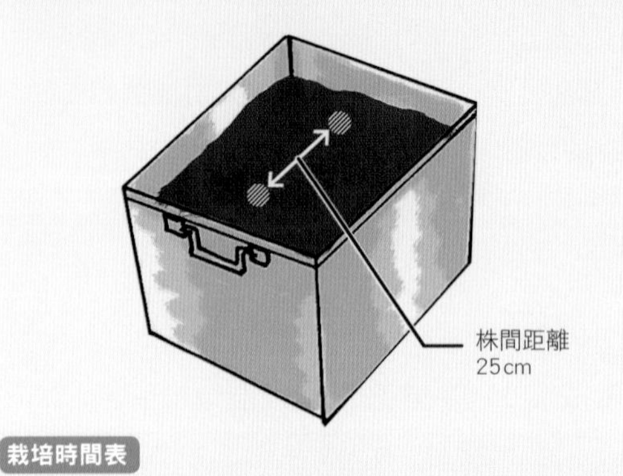

栽培時間表

1月	2月	3月	4月	5月	6月	7月	8月	9月	10月	11月	12月
			定植	■							
				採收	■	■	■	■	■		

4 收穫

6月上旬～10月中旬

5～7cm左右就可以進行採收

花開之後約15～20日、果實長度約5～7cm時，就是適合採收的時期。但是為了幫助植株生長，剛開始結出的果實趁其約3～4cm時就採收，採收時自蒂頭摘下或以剪刀將果實剪下即可。

盆栽栽培 Q & A

Q 枝枒延伸過度或結實過多而導致枝枒下垂造成阻礙時，該怎麼辦？

A 當枝枒下垂阻礙工作進行或影響日常生活時，只要架立比植株高度更高的支柱進行誘引，即可有效改善。

架立比植株高度更高的支柱於盆栽中央處，支柱前端確實綁緊，可以撐起垂下的枝枒，同時進行誘引。

2 摘芽

5月上旬～6月中旬

開初花時，進行摘芽

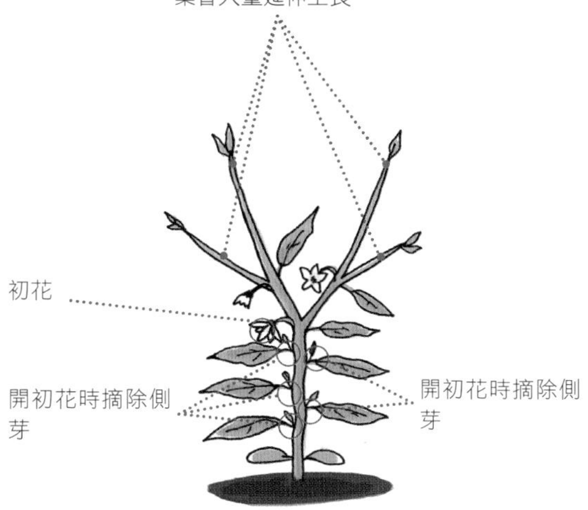

定植後，當初花（第一朵開出的花）開時，其下所有的側芽都必須摘除，之後所發出的側芽也要隨時摘除。摘除側芽時的傷口容易導致病毒感染，所以請選擇天氣晴朗的日子進行，傷口處較容易乾燥，之後枝葉就會大量延伸生長。

3 追肥

6月上旬～9月下旬

定植一個月後，開始追肥

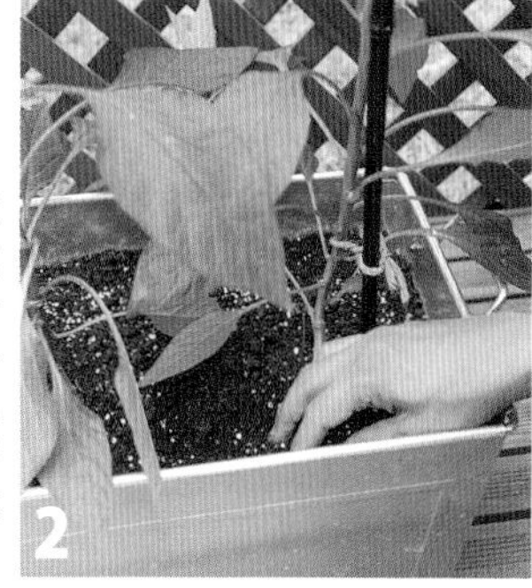

定植一個月後，視生長狀況而定，1個月進行2次追肥，每一植株約施放一小撮（5g）的化學肥料於植株周圍（葉片下方）。追肥後以手指淺淺地進行鬆土，再將土壤表面整平。

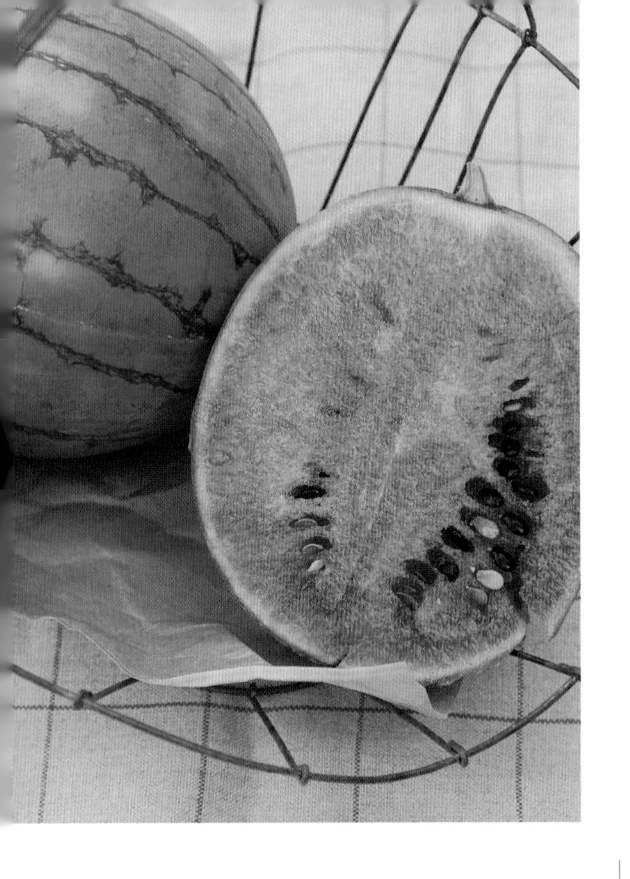

可愛的夏季風物詩

西瓜（小玉西瓜）

瓜科

Water melon

以盆栽進行栽培，
首推光看外表就覺得無比可愛的小玉西瓜。
雖然種起來有些難度，
但每天看著它一天天長大的模樣，
給人一種難以形容的栽種樂趣。
含有利尿作用的鉀成分，
具有消水腫和消除疲勞的效果。

1 摘芯・定植

5月上旬～5月中旬

摘芯之後定植

保留子莖蔓（側芽）4支，而將主莖蔓和其他子莖蔓全部摘除。

將發出5～6片本葉的幼苗自育苗盆取下，盆栽正中央作出育苗盆缽大小的植穴，進行定植。定植後植株根部覆蓋土壤，再以手輕壓。最後以澆花器進行給水。

Point

難易度 困難　日照 全日照

- 容易受到溫度的影響，栽培上較為困難。
- 從播種開始培育的話，育苗期的管理工作非常困難，建議自幼苗開始栽培較為簡單。
- 性喜強光，生育溫度高，所以請放置於日照充足的場所。
- 僅莖蔓延伸生長，卻不結果實，可能是因為未受粉或葉片過於茂密阻礙了日照所造成，可以透過人工授粉，或藉由整枝確保其結出果實。

生長適溫 25～30℃
病蟲害 白斑病、褐炭病、蚜蟲、潛葉蠅
盆栽大小 大型　25公升以上

栽培時間表

1月	2月	3月	4月	5月	6月	7月	8月	9月	10月	11月	12月
			定植	■							
					採收	■	■				

2 立支柱・整枝・誘引

5月中旬～5月下旬

藤蔓延伸後，立支柱進行誘引

將生長中的4支子莖蔓，留下生育狀況良好者2株，其餘子莖蔓自根部摘除。整枝後，當保留下來的子莖蔓發出孫莖蔓時，也以同樣方法摘除。

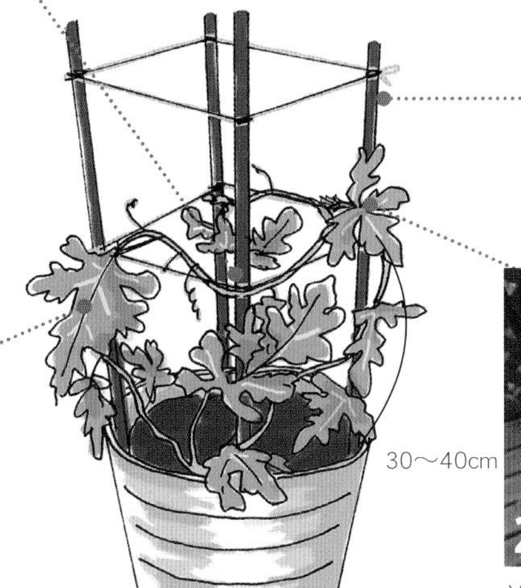

盆栽裡架立4根支柱，為避免移動請確實固定。

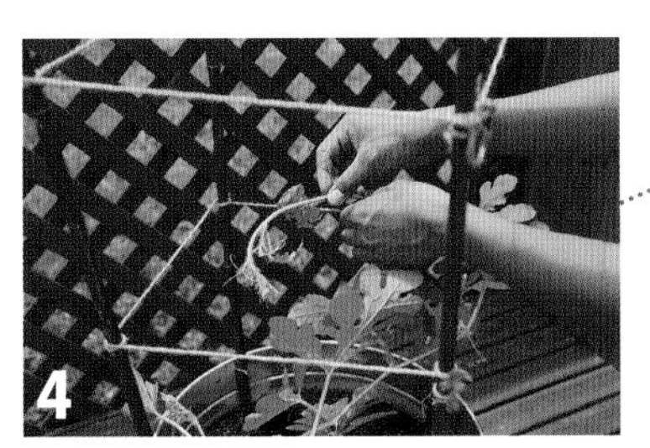

將保留的2支子藤蔓誘引至支柱上綁起固定。隨著藤蔓繼續延伸生長，繩子也要再往上增加一層，隨時進行誘引。

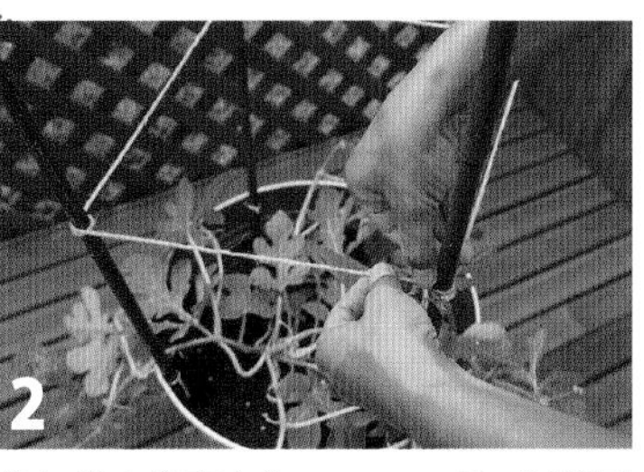

於每根支柱高度約30～40cm處，以繩子環繞一圈後固定(參照186頁)。

4 追肥

6月中旬～7月下旬

果實如毛線球般大時進行追肥

果實如毛線球般的大小時，施放一小把（10g）的化學肥料於植株周圍。追肥後以手指淺淺地進行鬆土將肥料混合，再將土壤表面整平。

3 人工授粉

6月上旬～6月下旬

以人工授粉確保順利結果

將摘下的雄花花瓣除去，讓雄蕊露出。再以雄蕊輕輕沾觸雌蕊的前端進行授粉。授粉作業請於晴朗日的早晨進行，授粉後在標籤上寫下日期，吊掛在附近，即可清楚明白採收的日期。

固定用網子的作法

準備適當長度的繩子3～4條，所有繩子的中央固定打結。

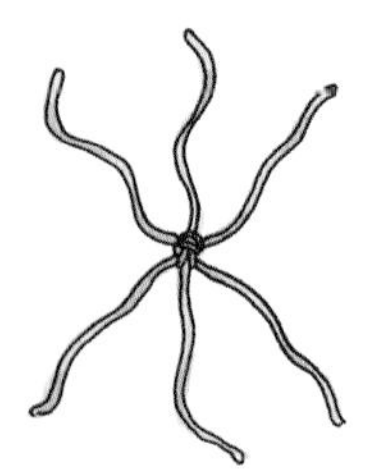

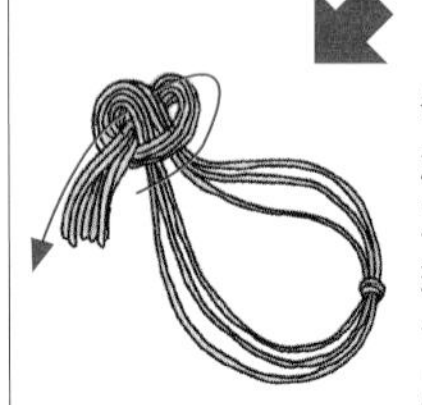

每一條繩子的前端束起，打結後即完成了固定用網子。前端束起打結處和支柱連結，以另一繩子固定後即可使用。

5 固定果實

6月中旬～7月下旬

果實如毛線球般大小時，必須固定果實

果實如毛線球般大小時，必須固定果實，首先在支柱前端橫架另一短支柱，為了避免鬆動，請以鐵絲固定。

將果實放入以繩子結成的網子內。

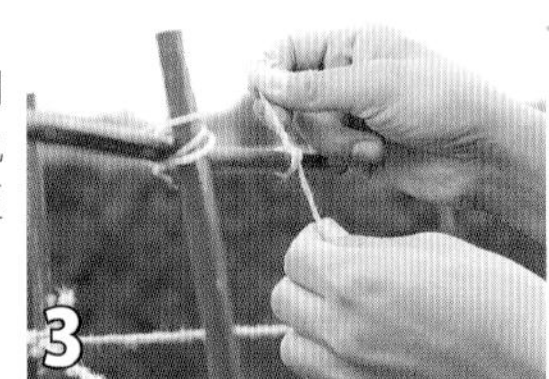

放入果實的網子前端確實地綁在橫架的短支柱上。

6 摘果

6月下旬～8月中旬

為了讓果實長大，必須進行摘果

如果一支莖蔓上結出兩個以上的果實時，會妨礙果實的生長，所以只保留發育最好的一個果實即可，其餘摘除。

7 採收

7月中旬～8月下旬

授粉後35～40日即可採收

授粉後35～40日可說是採收的最佳時期。若沒有標示受粉日期的話，可參考上方的照片，當連接果實的葉片或莖蔓枯萎時，就是適合採收的時期。

以剪刀在蒂頭處剪斷即可採收。先採收一個切開看看，若已經成熟，則表示同日授粉的都可以採收了。

洋節瓜

含有豐富胡蘿蔔素及維生素的健康蔬菜

瓜科

Zucchini

像小黃瓜及南瓜一樣，
不特別挑剔種植的場所，
對寒冷有較強的抵抗力，
屬於容易栽培的蔬菜。
含有豐富的胡蘿蔔素和維生素C，
是低卡洛里的健康蔬菜。
和南瓜同種，
別名也被稱為「無蔓種南瓜」。

1 定植

4月下旬～5月下旬

不破壞根缽土地進行定植

1 盆栽正中央挖出育苗盆大小的植穴，為了避免傷及植株，請以手指壓住後，將育苗盆倒過來取出幼苗。

2 為了避免破壞根缽土壤，筆直地進行定植後，植株根部覆蓋周圍的土壤，再以手輕壓。

3 最後以澆花器進行給水，使根部和土壤密合。

Point

難易度　容易

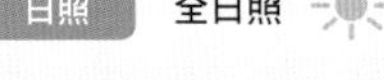

日照　全日照

- 從播種開始培育時，育苗期的管理工作非常困難，建議自幼苗開始栽培較為簡單。
- 容易發生白斑病，要特別注意。
- 因為植株高度不會往上長高，而是會往旁擴展，所以需要以大型盆栽栽培。
- 果實成長過大會造成口感低落。

生長適溫　17～20℃
病蟲害　白斑病
盆栽大小　大型　25公升以上

栽培時間表

1月	2月	3月	4月	5月	6月	7月	8月	9月	10月	11月	12月
			定植								
				採收							

4 摘除下葉

5 月下旬～**8** 月上旬

將感覺病態的葉片摘除

隨著植株長大，葉片會自下方開始枯萎。枯萎的葉片會成為疾病的源頭，所以請以剪刀剪掉。

盆栽栽培 Q&A〔白斑病〕

Q 葉片上看見白斑是生病了嗎？

A 若白斑沿著葉脈蔓延的話，那就是原本的樣子（左方照片），沒有必要擔心。但是如果白斑呈現不規則狀時，可能就是得了白斑病。所謂的「白斑病」是指葉片或莖的表面，產生白粉似的黴菌，此現象會不斷地蔓延。溫度低且乾燥的情況下較容易發病，生長狀況不良或是枯萎的葉片等都可能導致這種疾病。發病後處理白粉的部分，若擴及整株植株時，就必須整株處理。植株間保持充分的距離或放置於通風良好處，可有效預防。

2 立支柱

5 月下旬～**6** 月下旬

植株長大後，架立支柱進行誘引

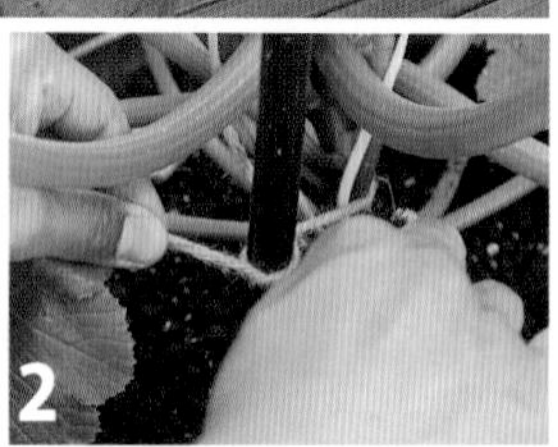

為了避免風吹倒塌，植株長大後，在不傷及根部的情況下，依照植株架立支柱。支柱架立完成後，以8字結將主莖固定在支柱上。

3 追肥

5 月下旬～**6** 月下旬

定植一個月後進行追肥

定植約一個月後進行追肥，每一植株施放一小把（10g）的化學肥料於植株周圍（葉片下方）。

追肥後以手指淺淺地進行鬆土將土壤和肥料混合，再將土壤表面整平。若土壤減少時，要適時補充土量。

5 摘除畸形果

5月下旬～8月上旬

摘除畸形果有助於果實生長

果實中若發現畸型果，為了讓其他果實得到營養，請以剪刀自果柄處剪除。

6 採收

6月中旬～8月中旬

開花後約7～10天即可採收

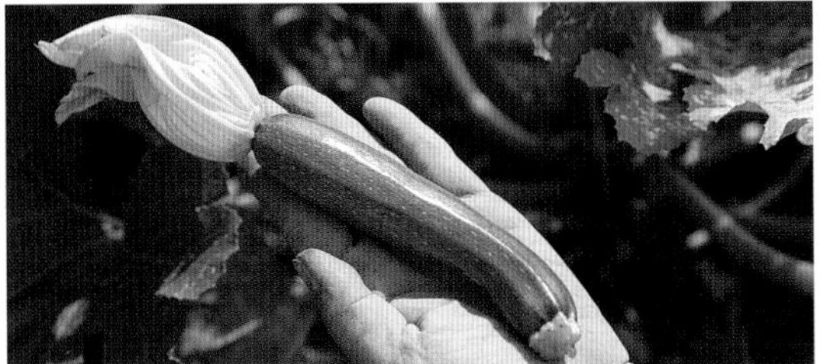

開花後約7～10天，果實長度約20～25cm時，以剪刀自蒂頭處剪下即可。若要採收花節瓜（帶花朵者：如下圖），開花之後約4天，長度約10～15cm時即可採收。

育苗的方法

播種前要仔細看種袋上的標示，確認播種的時期。在裝入播種用培養土的育苗盆裡，以手指挖出數個凹洞後，各播入2粒種子。

覆蓋周圍的土壤後，以手指輕壓，澆水至水從育苗盆底輕微滲出的程度，使種子和土壤密合。

本葉發出1～2片後，拔除生長不良的幼苗，只留一株健苗即可。

健苗發出5～6片本葉後即可定植。

能健康成長、產自於南美的香辛蔬菜

辣椒

茄科

Hot pepper

原產於中南美洲的香辛料。
對暑熱及病蟲害抵抗力強，
雖然栽培本身很容易，
但栽培期間略長，需要花點時間。
對血液循環效果良好，
含有能提升體溫及防止肥胖的辣椒素。

1 定植

4月下旬～**5**月中旬

溫度回升後進行幼苗定植

溫度充份回升後就是適合定植的時期。間隔20～30cm左右，挖出與育苗盆大小相同的植穴，將本葉發出10片以上的幼苗進行定植。

播種後覆蓋周圍的土壤，以手輕壓讓土壤與種子密合。

每植株旁分別架立100cm的支柱，最後進行給水作業。

Point

難易度 普通　**日照** 全日照

- 從播種開始培育的話，育苗期的管理工作非常困難，建議自幼苗開始栽培較為簡單。
- 對暑熱及病蟲害抵抗力強，栽培本身不費功夫。
- 栽培期間較長，使用大型盆栽較容易栽培。
- 溫度回升的適溫時期進行定植。

生長適溫 20～25℃

病 蟲 害 白斑病、蚜蟲

盆栽大小 大型　25公升以上

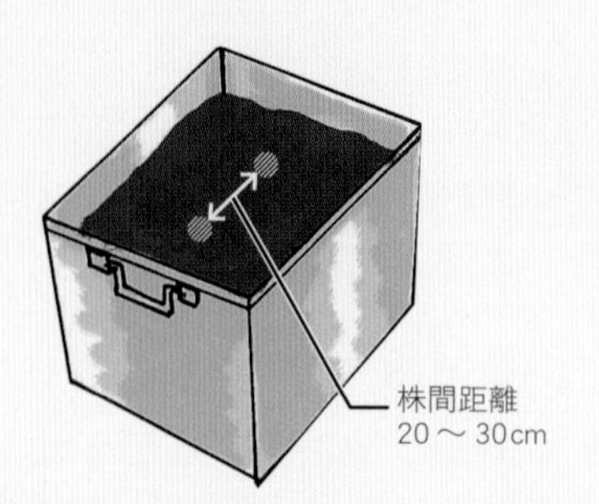

栽培時間表

1月	2月	3月	4月	5月	6月	7月	8月	9月	10月	11月	12月
			定植								
						採收					

4 採收

7月下旬～10月下旬

辣椒轉紅後就可以採收

定植之後約3個月、果實轉紅後就可以採收了。將轉紅的辣椒依序剪下，也可以留待整株果實都轉紅後再整株拔起。

定植約2個月後，若果實仍未轉紅，可採收青辣椒，比起紅辣椒，青辣椒的辣味較緩和。

5 採收後

7月下旬～10月下旬

採收後保存使其乾燥

辣椒整株拔起保存時，以繩子將2～3株束起，倒吊在溼氣少、通風良好的地方使其乾燥。若是一個個分別採收時，則將其散落於竹籃上乾燥，乾燥後將辣椒放進罐子裡保存即可。

2 摘芽

5月上旬～5月下旬

摘除初花以下的側芽

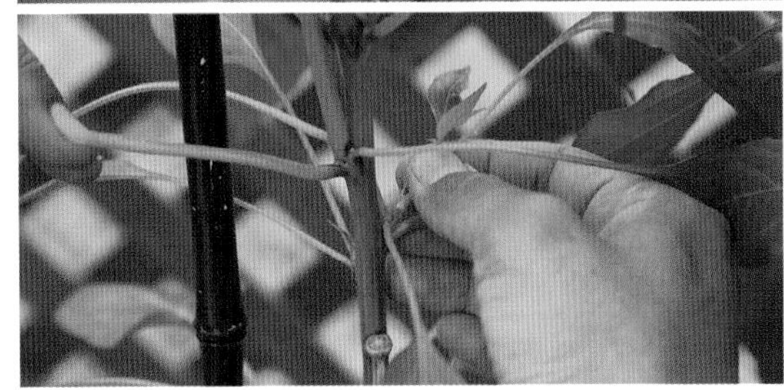

定植之後，當初花（第一朵開出的花）開時，其下方所有的側芽都必須摘除。之後所發出的側芽也要隨時摘除。

3 追肥

5月中旬～9月中旬

1個月進行1～2次追肥

定植4週後開始，1個月約進行1～2次追肥。每一植株約施放一小撮（5g）的化學肥料於植株周圍（葉片下方）。

追肥後以手指淺淺地進行鬆土讓肥料和土壤充分混合，再將土壤表面整平。

除了美味之外，對身體健康也是NO．1的蔬菜

蕃茄（迷你蕃茄）

茄科

Tomato

比大蕃茄容易栽種，
對於初次種菜的人來說，
非常推薦嘗試栽種迷你蕃茄。
除了含有豐富的胡蘿蔔素或維生素以外，
也含有對於消除疲勞非常有效的檸檬酸。
紅色成分中的茄紅素，
對於預防癌症有很好的效果。

1 定植

4月下旬～5月中旬

摘芽之後定植

將本葉發出6～7片的幼苗側芽全部摘除。以手指夾住幼苗根部後，將育苗盆倒過來，將幼苗取出。

2 盆栽中央挖出與育苗盆大小相同的植穴，定植後自上輕壓。

3 沿著主枝分別架立60cm的暫時性支柱誘引，最後進行給水作業。

Point

難易度 普通　**日照** 全日照

- 從播種開始培育的話，育苗期的管理工作非常困難，建議自幼苗開始栽培較為簡單。
- 性喜乾燥，最好使用排水孔較多的盆栽。
- 側芽隨時摘除以促使主枝生長。
- 果實表面裂開是因為土壤中的水分急速增加、日照過強等原因造成。若遇連續雨天或連日暑熱乾旱時，可以改變盆栽的位置作為對策。

生長適溫 25～30℃

病蟲害 白斑病、褐炭病、灰黴病、蚜蟲、葉蟎

盆栽大小 大型　25公升以上

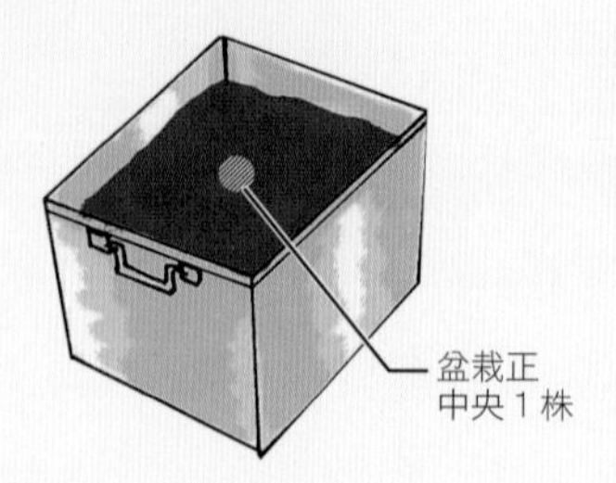

栽培時間表

1月	2月	3月	4月	5月	6月	7月	8月	9月	10月	11月	12月
			定植								
					採收						

3 人工授粉

5月上旬～5月下旬

輕敲花朵進行人工授粉

位置較高的陽台或昆蟲不易飛來之處，生育初期或高溫等落花時期，以手輕敲花朵使花粉飛散，進行人工授粉。

2 立支柱

5月上旬～5月下旬

植株生長後架立支柱

隨著植株的生長，暫時性支柱更換成150cm的主要支柱。為了避免倒塌，植株和支柱以8字結綁起固定。

4 摘芽・誘引

5月上旬～8月上旬

誘引生長中的植株、摘除側芽

為了幫助主枝生長，各莖節處所發出的側芽，儘可能趁其還幼小時以手摘除，有時剪刀帶有病毒，會導致植株染病，所以不要使用剪刀。

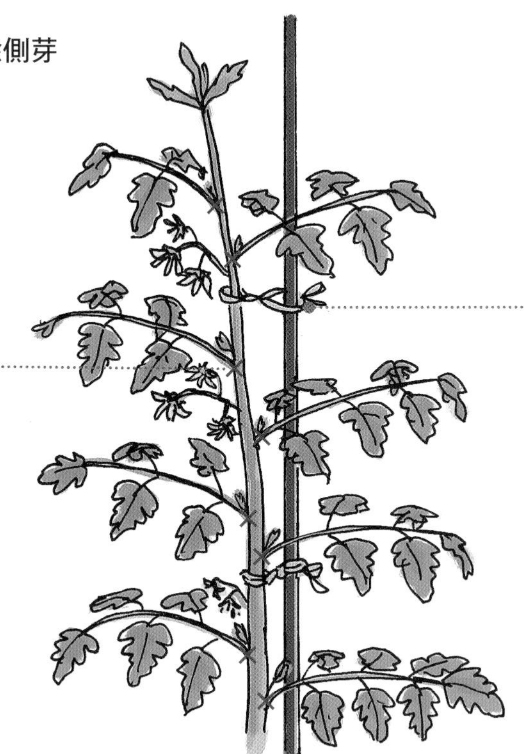

隨著植株的生長，莖節（莖發出葉片處）以下用繩子綁成8字結（參照186頁），隨時誘引至支柱上。

5 追肥

5月下旬～7月下旬

果實變大後進行追肥

初花所結出的果實變大後，每一植株約施放一小把（10g）的化學肥料於植株周圍（葉片下方）。之後隨著生長的狀況，約1個月進行1～2次追肥。

追肥後以手指淺淺地進行鬆土，再將土壤表面整平。

6 摘芯

6月中旬～7月下旬

為了作業方便進行摘芯

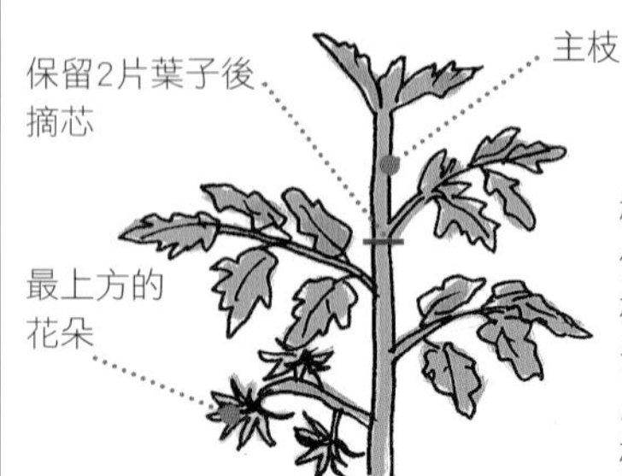

植株高度過高，會造成工作上的不方便，所以當植株生長至某一個高度後，留下最上面花朵上方的2片葉子，進行摘芯，抑制植株的生長。

7 採收

6月下旬～8月下旬

開花40～45天後為適合採收期

開花40～45天果實轉紅後，就是適合採收的時期。以拇指壓住果蒂處往內折即可摘下。

不需摘芯也能增加收穫量的方法

在適合工作的高度進行摘芯以抑制植株生長，此為一般的作法，但是不須摘芯，也能讓主枝持續延伸，增加收穫量。

以鉗子在適合工作的高度將主枝彎曲折下。

折下誘引至支柱上，任由主枝持續生長。因為持續生長的主枝仍會結果，待長到地面後，以同樣的方式往上進行折枝，再誘引使其持續生長。

火烤、水煮、醃漬皆可的人氣蔬菜

茄子

茄科

Egg plant

日照充足的場所，
只要避免乾燥、充份給水，
就可以健康成長。
種類豐富，可長期享受栽種的樂趣。
色素中所含有的花青素，
對於防止癌症及動脈硬化非常有效。

1 定植

4月下旬～**5**月中旬

定植本葉發出6～7片的幼苗

盆栽中央挖出與育苗盆大小相同的植穴，以手指夾住幼苗根部後，將育苗盆倒過來，在不破壞根缽土的情況下將幼苗取出。

定植後根部覆蓋土壤輕壓。之後沿著主枝架立100cm的支柱，以8字結（參照186頁）將植株固定在支柱上。最後以澆花器進行給水，使土壤和根部密合。

Point

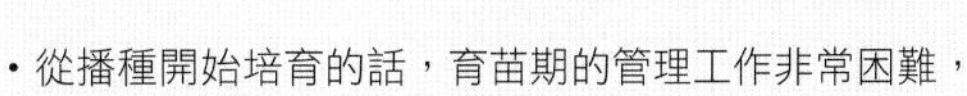

難易度 普通　日照 全日照

- 從播種開始培育的話，育苗期的管理工作非常困難，建議自幼苗開始栽培較為簡單。
- 栽培期間很長，儘可能使用較大型的盆栽，較容易栽培。
- 結出的果實若過小且堅硬，有可能是因為氣溫低無法順利受粉，所以定植時，請選擇氣溫高的適溫時期進行。

生長適溫 22～30℃

病蟲害 白斑病、薊馬、蚜蟲、葉蟎

盆栽大小 大型 25公升以上

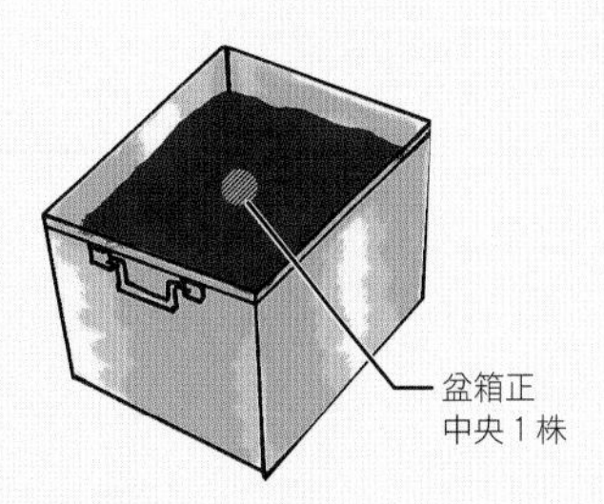

栽培時間表

1月	2月	3月	4月	5月	6月	7月	8月	9月	10月	11月	12月
			定植								
				採收							

2 摘芽

5月上旬～5月下旬

開初花時摘除側芽

長出初花（最初開的花）開的時候，只留下花朵上、下方各一側芽，其餘側芽全部摘除。之後所發出的側芽也要隨時摘除。

主枝和2支側枝（延伸側芽）加上單側發出的側枝共4枝持續生長。

3 追肥

5月下旬～9月下旬

定植一個月後開始進行追肥

定植後一個月左右，視生長的狀況，平均兩週進行1次追肥。每一植株呈環狀施放一小把（10g）的化學肥料於植株周圍（葉片下方）。

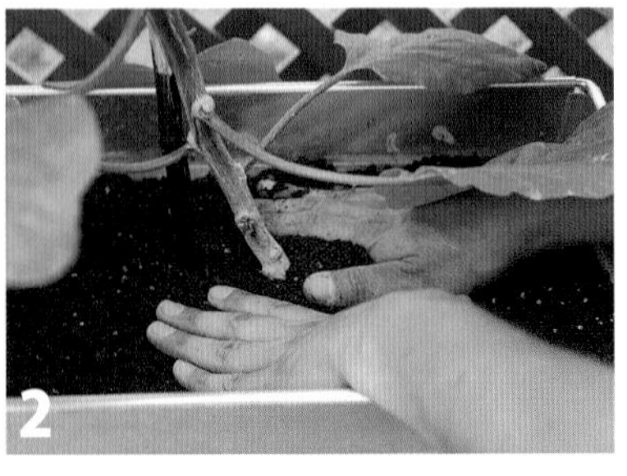

追肥後以手指淺淺地進行鬆土，再將土壤表面整平。

4 採收初果

5月下旬～6月下旬

為促進生長必須採收初果

為了讓養份集中促使植株生長，儘可能趁早摘除初果。

5 立支柱

6月上旬～6月下旬

配合植株生長架立支柱

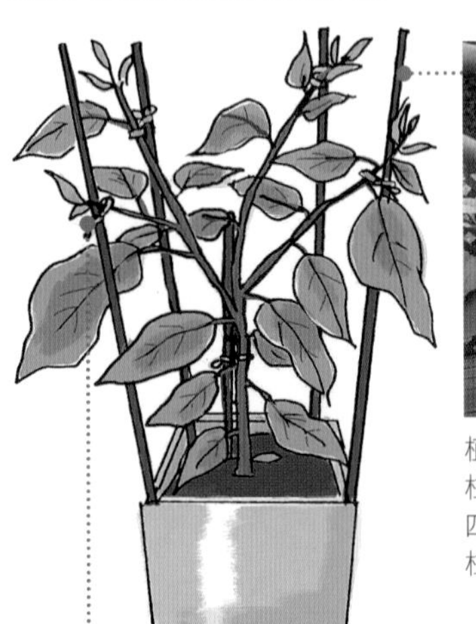

植株長大後必須以支柱支撐植株，於盆栽四角架立150cm的支柱，確實固定。

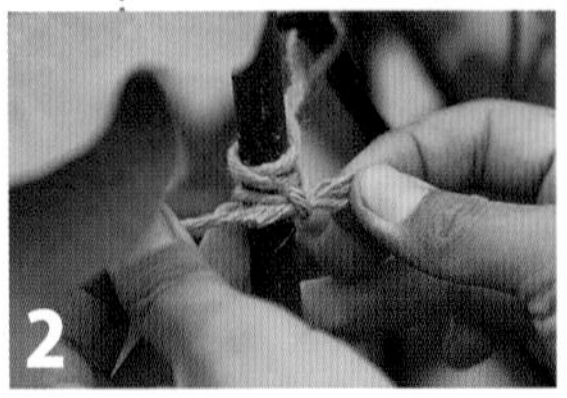

將主枝和側枝分別以8字結鬆鬆地固定後進行誘引。

7 整枝

6月下旬～9月中旬

架立支柱的側枝進行摘芯

為了促使植株生長，4根支柱旁的側枝所開的花朵，僅留下正上方的1片葉片，其餘的進行剪枝。果實採收之，留下2片葉片後，進行剪枝促使側芽延伸。

6 採收

6月上旬～10月中旬

開花15～25天後即可採收

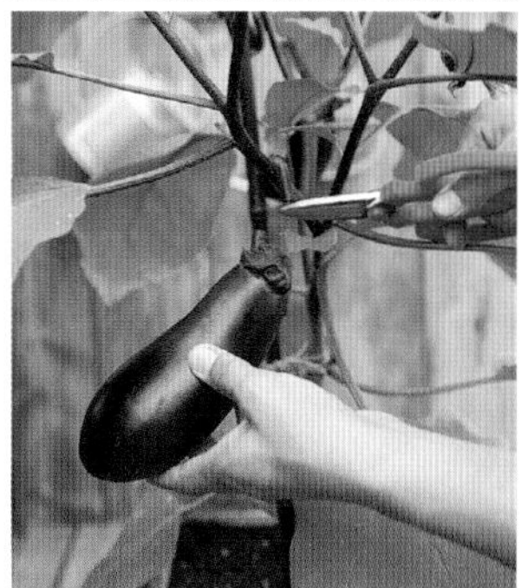

開花15～25天，果實長度10～12cm以上，就是適合採收的時期。使用剪刀自果蒂處剪斷即可。

8 更新修剪

7月下旬～8月上旬

修剪讓植株恢復活力

為了促使修剪後的植株生長，每一植株呈環狀施放一小把（10g）的化學肥料於植株周圍。

主枝和3支側枝分別留下1～2支後以剪刀剪下。

採收秋茄之前，為了讓整體疲軟的植株恢復生氣，必須進行修剪老枝，促使新枝生長的更新修剪。追肥後適當地給予水分，9月之前就可以採收秋茄了。

來自南方、健康的夏天風物詩

苦瓜

瓜科

Balsam pear

耐暑熱、病蟲害較少，
即使是初學者也能輕鬆栽種。
也可以進行盆栽栽培，
架立支柱或網子等進行誘引的話，
可以代替竹簾，有效地遮蔽陽光，非常方便。
含有豐富維生素C、胡蘿蔔素、礦物質等營養素，
可以消除夏天的暑熱，在此強烈推薦。

1 定植

5月中旬～**6**月上旬

本葉發出3～4片後進行定植

1 株間距離45～50cm，挖出和育苗盆缽大小的植穴。將本葉發出3～4片的幼苗，以手指夾住幼苗根部，將育苗盆倒過來，不破壞根缽土地將幼苗取出。

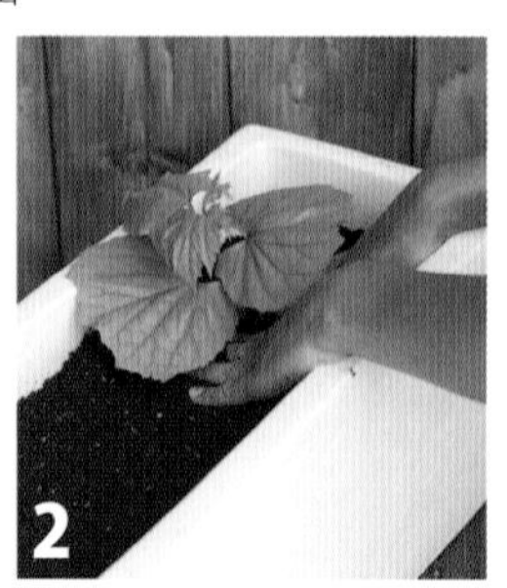

2 植株根部進行培土，自上方以手輕壓，讓土壤和根部密合。

3 定植後，以澆花器進行給水。

Point

難易度 容易　**日照** 全日照

- 從播種開始培育的話，育苗期的溫度管理非常困難，建議以幼苗進行定植較為簡單。
- 病蟲害防禦力強，即使是初學者也能輕鬆栽種。
- 對暑熱抵抗力強，喜好日照充足的場所。
- 氣溫回升後再進行定植。
- 一直到秋天為止，都可以長期享受採收之樂。

生長適溫 20～30℃

病蟲害 白斑病、蚜蟲、葉螨

盆栽大小 大型　25公升以上

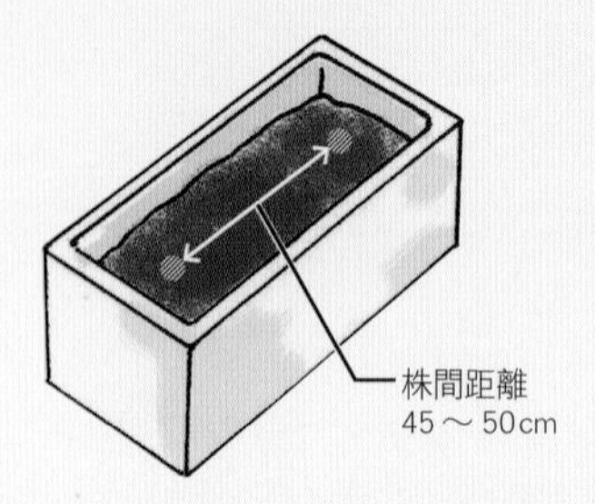

栽培時間表

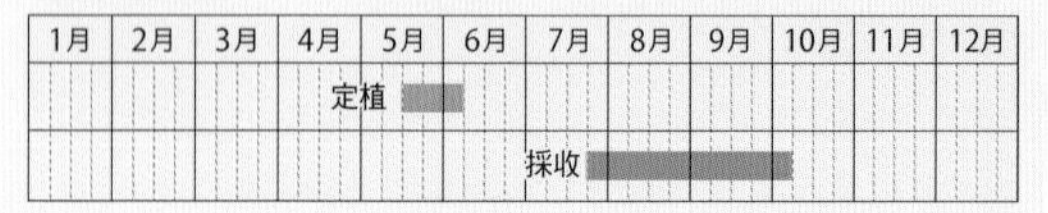

1月	2月	3月	4月	5月	6月	7月	8月	9月	10月	11月	12月
				定植							
						採收					

2 立支柱・誘引・整枝

6月上旬～**6**月中旬

藤蔓延伸後，架立支柱誘引

1 藤蔓延伸生長後，必須進行誘引，在盆栽四角架立長約150cm的支柱，確實固定。

2 將支柱前端束起，綁緊避免鬆動。

3 將藤蔓捲繞在支柱上進行誘引。打成8字結（參照186頁）鬆鬆地綁住。

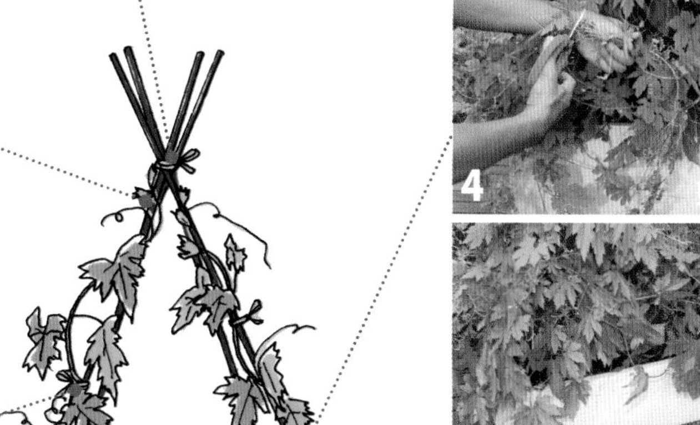

4 支柱架立後，若藤蔓生長旺盛枝葉茂密，為避免造成通風不良，必須隨時將藤蔓前端拉起，將葉片除去進行剪枝。

3 追肥

6月上旬～**8**月下旬

兩週進行1次追肥

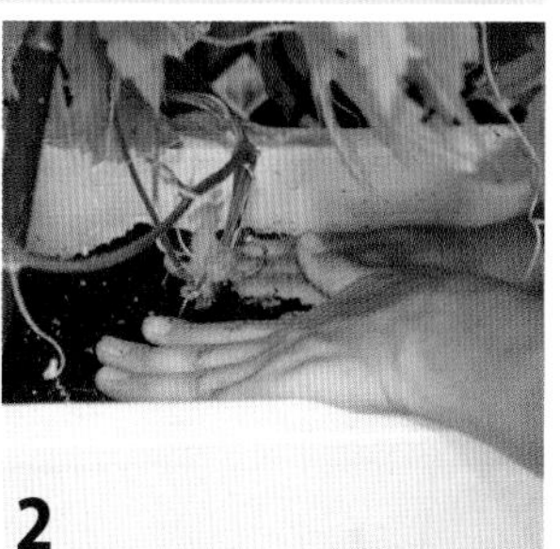

定植兩週後，視生長狀況約兩週進行1次追肥。每一植株呈環狀施放一小撮（5g左右）的化學肥料於植株周圍（葉片下方）。

追肥後以手指淺淺地進行鬆土，再將土壤表面整平。

4 採收

7月下旬～**10**月上旬

表面凹凸顆粒變大、產生光澤時即可採收

當果實表面的凹凸顆粒變大、產生光澤感時，大致上就可以採收了。採收時，以剪刀剪下綠色未成熟的果實即可。完全成熟後的果實會轉成橙色，最後會併開（左方照片）。裡面有果凍狀物體包覆住種子，紅色的部分吃起來甜甜的。

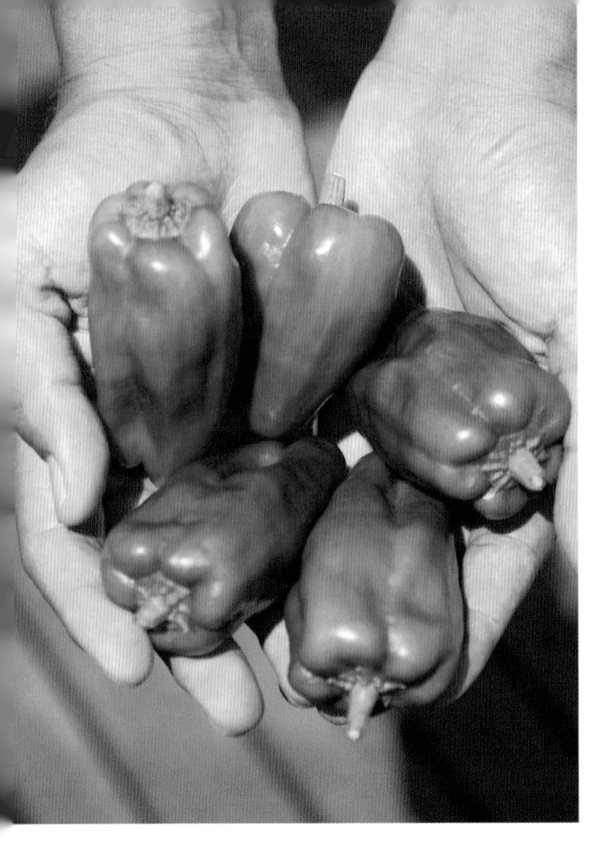

可長期享受採收之樂、維生素C豐富的夏天蔬菜

青椒

茄科

Sweet pepper

因為耐暑性強，
病蟲害的機率也很低，
屬於容易栽種的蔬菜。
含有豐富維生素，
特別是維生素C是蕃茄的4倍多。
綠色的青椒是未成熟的果實，
成熟後會轉為紅色，
比起未成熟果，維生素C約高出2倍，
胡蘿蔔素高出4倍。

1 定植

5月上旬～6月上旬

本葉發出7～10片後進行定植

盆栽中央挖出與育苗盆相同大小的植穴，以手指夾壓住幼苗根部後，將育苗盆倒過來，在不破壞根缽土的情況下將幼苗取出。

定植後根部覆蓋土壤輕壓，沿著植株架立100cm的支柱，以8字結（參照186頁）將植株固定在支柱上。最後以澆花器進行給水。

Point

難易度 容易　**日照** 全日照 

- 耐暑熱、容易栽種。
- 從播種開始培育的話，育苗期的管理工作非常困難，建議自幼苗開始栽培較為簡單。
- 幼苗對寒冷抵抗力弱，氣溫回升後再進行定植。
- 若一次大量落花，無法結果時，可能是因為土壤過於乾燥或植株疲軟的關係。要隨時注意土壤的狀況，趁果實幼嫩時進行採收。

生長適溫 25～30℃

病蟲害 白斑病、葉斑病毒、薊馬、蚜蟲

盆栽大小 大型 25公升以上

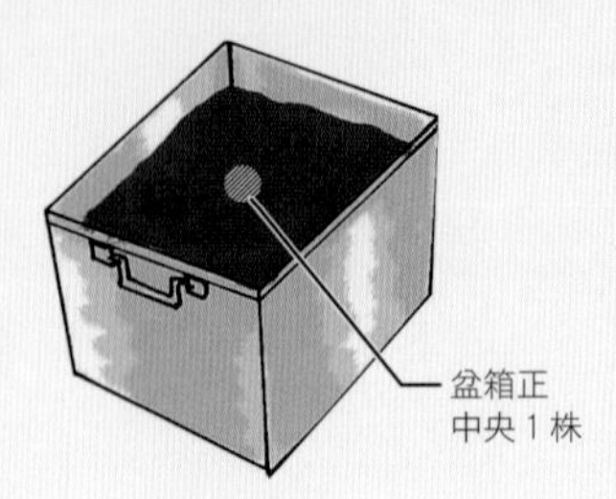

栽培時間表

1月	2月	3月	4月	5月	6月	7月	8月	9月	10月	11月	12月
			定植	■							
				採收	■	■	■	■	■		

2 摘芽

5月上旬～6月下旬

開初花時摘除側芽

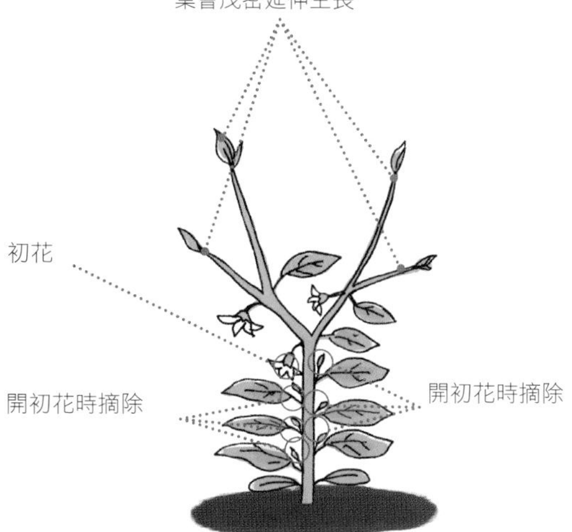

定植後初花（最初開的花朵）開時，初花以下的側芽全部摘除。之後所發出的側芽也要隨時摘除。以手摘除側芽時，容易造成切口感染病菌，最好選擇天氣晴朗的日子進行。最後挑選4根生長茂密的枝誘引至支柱上，使其持續生長。

3 採收初果

5月下旬～6月下旬

為促進生長必須採收初果

為了讓養份集中促使植株生長，儘量趁早摘除初果。如照片般結出數個果實的情況下，則將所有的果實都摘下。

4 立支柱

5月下旬～6月下旬

採收初果後架立支柱

將主枝和側枝分別以8字結（參照186頁）鬆鬆地固定在4根支柱上進行誘引。

植株成長茁壯後，必須將日漸茂密的枝葉進行誘引，在盆栽4角架立長約150cm的支柱，確實固定。

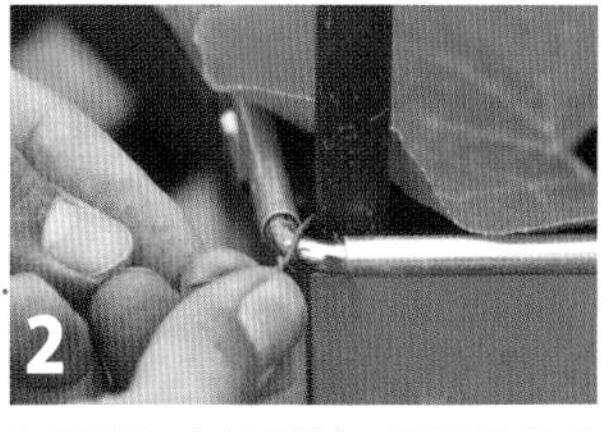

為了避免支柱鬆脫，可用繩索或鐵絲將其確實固定於盆栽上。

7 整枝

6月中旬～10月上旬

架立支柱的側枝進行摘芯

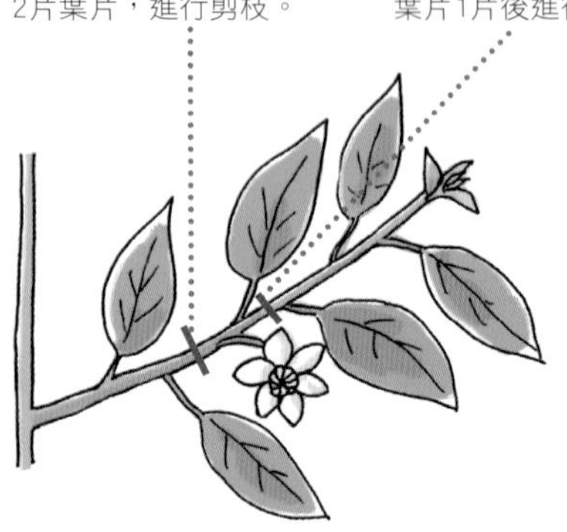

②採收之後，留下1～2片葉片，進行剪枝。

①花開之後，留下正上方葉片1片後進行剪枝。

為了使通風良好及促使植株生長，4根支柱旁的側枝開花之後，僅留下正上方的1片葉片，其餘進行剪枝。果實採收之後，留下2片葉片，將採收後的果實進行剪枝。

盆栽栽培 Q & A

Q 果實和植株，已近採收期卻尚未長大，該怎麼採收呢？

A 依據盆栽放置的環境不同，生長狀況也不一樣，時間拖的太久，有時會使鮮度降低。不需遷就果實的大小，還是依據時間表進行採收會比較好，此原則適用於所有的蔬菜。

青椒適合採收時，若放置3～5週左右，完熟後會轉成紅色，雖然紅椒的營養價值是青椒的兩倍，但紅椒容易使植株疲軟，導致整體收穫量降低。

5 追肥

5月下旬～9月下旬

結初果後進行追肥

開始結初果到9月這段期間，視生長狀況，平均一個月進行1次追肥。每一植株呈環狀施放一小把（約10g）的化學肥料於植株周圍（葉片下方）。

追肥後以手指淺淺地進行鬆土讓肥料和土壤混合，再將土壤表面整平。

6 採收

6月上旬～10月下旬

果實大小約5～6cm時即可採收

當果實大小約5～6cm時，就是適合採收的時期了，所以為了不讓植株疲軟，請趁早進行採收。因為青椒枝較易折斷，請以手托住後，以剪刀自蒂頭剪下即可。

落花生

豆科

結果於土中的逗趣模樣成為名稱的由來

Peanut

因為結實方式非常有趣，
也是屬於想要挑戰的蔬菜之一。
雖然栽培時間長，卻不難栽種。
含有防止老化的維生素E，
以及降低血中膽固醇的油酸。

1 播種

5月中旬～6月上旬

間隔15～20cm進行點播

1 間隔15～20cm，挖出深約1cm的植穴，不重疊地播入3～4粒種子。

2 播種後覆蓋周圍的土壤並以手輕壓，使種子和土壤密合。

3 給水後以切半的寶特瓶空罐將種子蓋住，避免鳥類啄食。

Point

難易度 普通　**日照** 全日照

- 不耐酷寒，請放置於日照充足溫暖處栽種。
- 子房柄（連接豆莢的柄）會在播種後2~3個月開始延伸生長。
- 花開之後，子房柄會潛入土壤裡，所以不需進行追肥・培土。
- 播種後遲不發芽，原因之一可能是被鳥吃了，所以播種後可以覆蓋寒冷紗或將寶特瓶空罐切半後將種子蓋住，進行防鳥對策。

生長適溫 25～30℃

病蟲害 蚜蟲

盆栽大小 中型以上 16公升以上

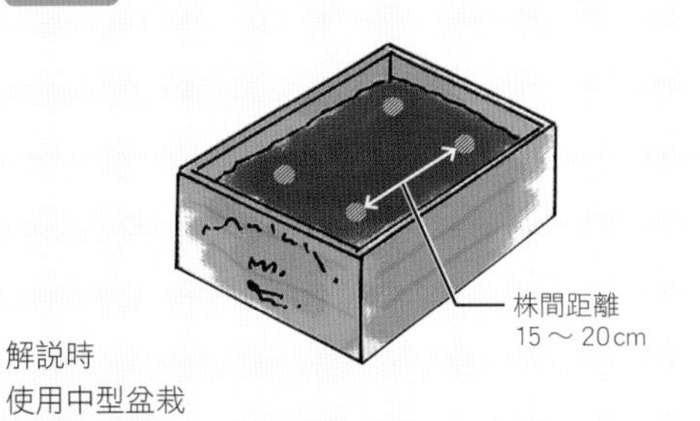

解說時
使用中型盆栽

栽培時間表

1月	2月	3月	4月	5月	6月	7月	8月	9月	10月	11月	12月
				播種							
								採收			

2 追肥

6月下旬～**8**月中旬

自開花到子房柄潛入土裡為止都必須追肥

播種後約6～7週就會開花，開花後子房柄潛入土裡（左下照片）。子房柄潛入土裡之前，每一播種處約施放一小撮（2～3g）的化學肥料於植株周圍。追肥後以手指淺淺地進行鬆土，再將土壤表面整平。

3 收穫

9月中旬～**10**月中旬

葉片變黃後即可採收

植株葉片變黃之後，就是適合採收的時期。先拔起一些確認豆莢的狀況。

確實握住藤蔓，整株拔起即可。

4 採收後

9月中旬～**10**月中旬

採收後將豆莢摘下使其乾燥

充分乾燥之後將豆莢摘下。若沒有徹底乾燥容易發霉。

為什麼要稱為「落花生」呢？

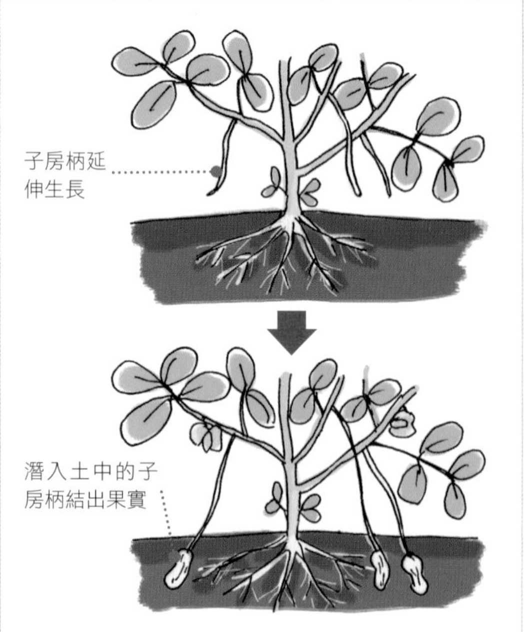

落花生的果實是黃色花朵開完後，開花處延伸出所謂的「子房柄」（連結豆莢的柄），會潛入土壤中，然後子房柄會結出果實，因而得名。

第3章

盆栽種菜的方法（葉菜類）

最適合作為夏季熱炒的中國蔬菜

蕹菜（空心菜）

旋花科

Water convolvulus

別名為「空心菜」是因為莖裡面呈現空洞狀態。
即使在普遍缺少葉菜的夏季，
也能健康成長。
因為很適合油炒，
所以非常適合盆栽栽種。
含有對貧血非常有效的鐵質，
以及礦物質或胡蘿蔔素、維生素等營養素，
是健康的綠黃色蔬菜。

1 播種

5月上旬～8月中旬

間隔10～15cm進行點播

間隔10～15cm，挖出深約1cm的植穴，儘可能不重疊地播入2～3粒種子。

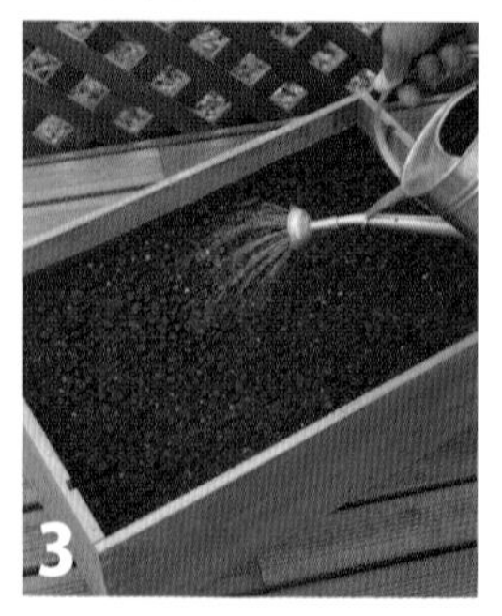

以花灑進行給水，使土壤和種子密合。

播種後覆蓋周圍的土壤並以手輕壓。

難易度 容易　**日照** 全日照

- 不用擔心病蟲害，所以栽種非常容易。
- 利用摘取植株前端讓側芽延伸生長，可以增加收穫量。
- 因為葉片會延伸至盆栽以外，要特別注意周圍的空間或放置的場所。
- 若不趁早採收，莖葉會過大變硬而口感不佳。

生長適溫 23～28℃

病蟲害 幾乎不需要擔心

盆栽大小 中型以上　16公升以上

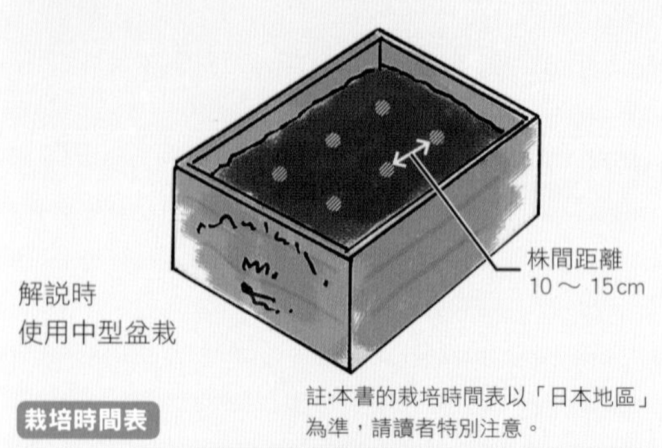

解說時
使用中型盆栽

栽培時間表

註:本書的栽培時間表以「日本地區」為準，請讀者特別注意。

	1月	2月	3月	4月	5月	6月	7月	8月	9月	10月	11月	12月
播種					■	■	■	■（至中旬）				
採收							■	■	■	■		

2 疏苗

5月下旬～8月下旬

本葉發出4～5片後進行疏苗

本葉發出4～5片後，1處只留下1株生長狀況良好的健苗，其他生長狀況不良的幼苗進行摘除。疏苗時為避免傷及其他幼苗，最好以剪刀剪除或以手指壓住留下的幼苗根部後拔起。

3 摘芯

6月下旬～9月下旬

高度30cm以上則進行摘芯

為了讓側芽延伸生長，在發出葉片的莖節上進行摘芯。

植株高度30cm以上則進行摘芯。保留2～3片下葉後，以剪刀剪下莖部前端，或摘取葉柄處發出的側芽，使葉片增生，摘芯之後的部份可以食用。

4 追肥

6月下旬～9月下旬

摘芯後1個月進行1次追肥

摘芯後視植株的生長狀況1個月進行1次追肥，每一植株約施放一小撮（2～3g）的化學肥料於植株周圍（葉片下方）。追肥後以手指淺淺地進行鬆土讓肥料和土壤混合，再將土壤表面整平。

5 收穫

7月上旬～10月下旬

高度50cm後即可採收

植株長到高度長到約50cm時，就是適合採收的時期。剪下莖部前端15～20cm的嫩葉，和摘芯一樣，為了讓側芽延伸生長，以剪刀採收的話，可以持續重複採收。

純白挺立、高麗菜的同類

花椰菜（迷你花椰菜）

十字花科

Cauliflower

含有豐富的維生素C，
具有美容肌膚及消除疲勞的效果。
對暑熱及酷寒抵抗力弱，
因此需要稍微費心，
但是外葉所包覆的白色花蕾，
實在是非常漂亮。

1 定植

8月中旬～9月中旬

本葉發出4～6片後進行定植

間隔20～25cm，挖出和育苗盆相同大小的植穴，以指尖夾住本葉發出4～6片的幼苗，不破壞根缽土的情況下將幼苗自育苗盆取出。

定植後覆蓋周圍的土壤，以手輕壓植株根部。

最後進行給水，使土壤和根部密合。

Point

難易度 普通　日照 全日照

- 從播種開始培育的話，育苗期的管理工作非常困難，建議自幼苗開始栽培較為簡單。
- 因為植株會長大，配置上要考慮日照等因素對其他盆栽的影響。
- 觸碰花蕾，若感覺柔軟時，表示已經過了適合採收的時期。

生長適溫 15～20℃

病蟲害 黑腐病、青菜蟲、蚜蟲、小菜蛾、菜粉蝶、夜盜蛾

盆栽大小 中型以上　16公升以上

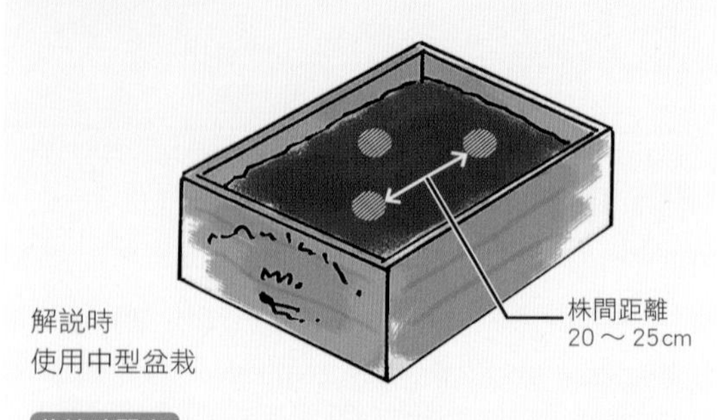

栽培時間表

1月	2月	3月	4月	5月	6月	7月	8月	9月	10月	11月	12月
						播種	■	■			
									採收	■	■

4 以外葉包覆

10月中旬～11月中旬

以外葉包覆花蕾

植株中央開始看見花蕾時，必須用繩子綁住外側葉片將花蕾包覆起來。

花蕾若直接接觸陽光，顏色會變黃，品質也會降低，固定外葉的繩子，為了避免鬆脫，務必確實綁緊。

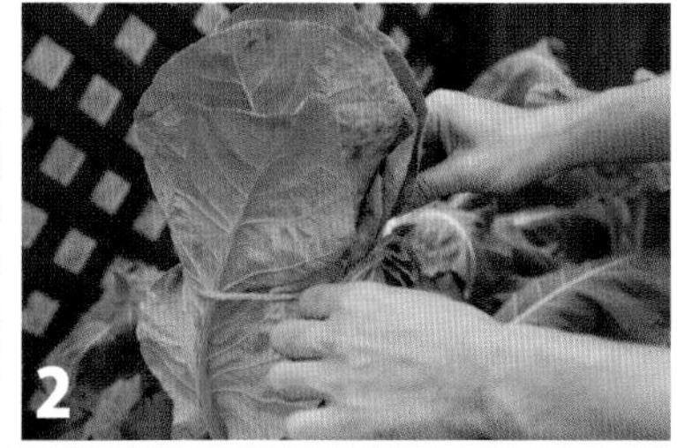

花蕾不接觸陽光，即可採收如此鮮白、品質優良的花椰菜。

5 收穫

11月上旬～12月下旬

花蕾直徑15cm以上，表面顆粒整齊時即可採收

花蕾直徑15cm以上，花蕾表面顆粒整齊時，就是適合採收的時期。將周圍的葉片剪掉，自花蕾下方處剪下。莖部不作為食用，採收時即可去除。

2 追肥①

9月上旬～9月下旬

定植約2週後進行追肥

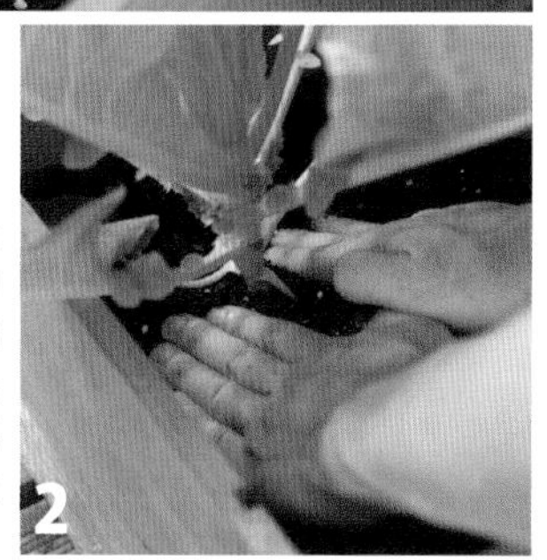

定植約2週後，每一植株施放一小撮（2～3g）的化學肥料於植株周圍（葉片下方）。追肥後以指尖淺淺地鬆土讓肥料和土壤混合，根部進行培土後輕壓。

3 追肥②

9月下旬～10月下旬

第一次追肥3～4週後，進行第2次追肥

第一次追肥3～4週後，每一植株約施放一小撮（2～3g）的化學肥料於植株周圍。以指尖淺淺地鬆土讓肥料和土壤混合，根部進行培土後輕壓。

高麗菜

蟲兒也喜歡，對胃部相當溫和的結球蔬菜

十字花科

Cabbage

栽培時間略長，
也容易遭受蟲害，
所以栽培上較為花費心思，
但若於蟲害較少的秋季栽培，則較為容易。
聽説含有有效防止胃炎的維生素U。
冬天的高麗菜適合用於燉煮料理，
春天的高麗菜適合用於生菜沙拉等。

1 定植

8月中旬～9月中旬(夏)　10月上旬～10月下旬(秋)

本葉發出4～6片後進行定植

1
間隔25～30cm，挖出和育苗盆相同大小的植穴，以指尖夾住本葉發出4～6片的幼苗後，倒反過來，在不破壞根缽土的情況下將幼苗自育苗盆取出。

2
定植後根部進行培土，以手輕壓根部。

3
定植後進行給水，使土壤和根部密合。

Point

難易度 容易　**日照** 全日照 

- 從播種開始培育的話，育苗期的溫度管理非常困難，建議自幼苗開始栽種較為簡單。
- 配合適宜的栽培時期選擇栽種的品種。
- 夏天蟲害多，想要保護幼苗的話，定植之後一直到秋天，都必須覆蓋寒冷紗。
- 抗寒性佳，暑熱抵抗力弱，溫度過高不易生長。
- 秋天種植時要特別注意抽苔（參照125頁）現象。

生長適溫 15～20℃

病蟲害 黑腐病、軟腐病、青菜蟲、小菜蛾、切根蟲、夜盜蛾

盆栽大小 大型　25公升以上

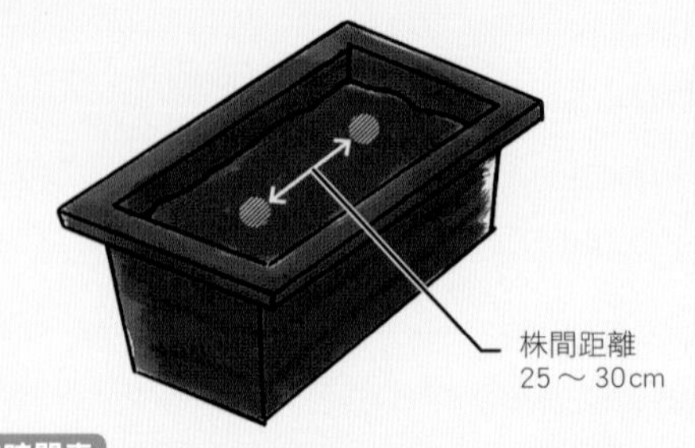

栽培時間表

1月	2月	3月	4月	5月	6月	7月	8月	9月	10月	11月	12月
						定植（夏）				定植（秋）	
	翌年採收（夏）				翌年採收（秋）				採收（夏）		

4 採收

11月中旬～翌年1月下旬(夏)　翌年4月上旬～5月下旬(秋)

結球紮實時即可採收

自結球上方往下輕壓，若感覺結球紮實，就是適合採收的時期。不到採收期，就算下壓也不會感覺紮實。

以單手將結球往下輕壓，菜刀伸入下葉和外葉之間，切下即可採收。

盆栽栽培 Q & A〔小菜蛾〕

Q 葉片被蟲吃光了！

A 高麗菜很容易被蟲啃食，若位於芯處的生長點被蟲啃食，植株將無法正常生長。高麗菜經常遭受的蟲害是小菜蛾，小菜蛾在葉片背面啃食葉片，遭啃食的葉片會呈現透明狀為其特徵，平常就要確認是否附著蟲卵，覆蓋寒冷紗預防也很有效，因此定植後至結球為止，請覆蓋寒冷紗進行有效的防蟲對策吧！

Q 為什麼無法結球呢？

A 無法結球的原因之一，可能是葉片數量不足，導致無法結球。因為錯過了該定植的時間，而使葉片數量生長不足。此外，盆栽太小也可能是原因，儘可能以大型盆栽進行栽種吧！

2 追肥①

9月上旬～9月下旬（夏）10月中旬～11月中旬（秋）

定植約2～3週後進行第1次追肥

定植約2～3週後，每一植株約施放一小撮（5g）的化學肥料於植株周圍（葉片下方）。追肥後以指尖淺淺地鬆土，根部進行培土後輕壓。

3 追肥②

10月上旬～10月下旬(夏)　翌年3月上旬～3月下旬(秋)

開始結球後，進行第2次追肥

內側葉片朝向中心開始結球後，每一植株呈環狀施放一小撮（5g）的化學肥料於植株周圍（葉片下方）。若植株過大，沒有空間時，施放於盆栽一角也可以。追肥後，以指尖淺淺地鬆土讓肥料和土壤混合，根部進行培土後輕壓。

營養價值高、食用莖部的青花菜

青花椰菜莖

十字花科

Stem broccoli

由青花菜和中國蔬菜甘藍菜混種而成的新品種，
比青花菜更容易栽種，短時間即可採收。
含有豐富的胡蘿蔔素和維生素C，
因具有抗癌效果而備受矚目。

1 定植

3月下旬～4月中旬(春) 8月下旬～9月中旬(秋)

本葉發出4～6片後定植幼苗

間隔25～30cm，挖出和育苗盆相同大小的植穴，以指尖夾住本葉已經發出4～6片的幼苗，在不破壞根缽土的情況下將幼苗自育苗盆取出。

定植後覆蓋周圍土壤，根部進行培土並以手輕壓。

最後以花灑進行給水，使土壤和根部密合。

Point

難易度 普通　日照 全日照 

- 從播種開始培育的話，育苗期的溫度管理非常困難，建議自幼苗開始栽種較為簡單。
- 比青花菜容易栽培，更快即可採收。
- 容易遭致青菜蟲等侵害，必須覆蓋寒冷紗作為防蟲對策。
- 採收側芽處的花蕾。
- 不僅花蕾，莖部也可以食用。

生長適溫 15～20℃

病蟲害 黑腐病、青菜蟲、蚜蟲、小菜蛾、斜紋夜蛾、夜盜蛾

盆栽大小 中型以上 16公升以上

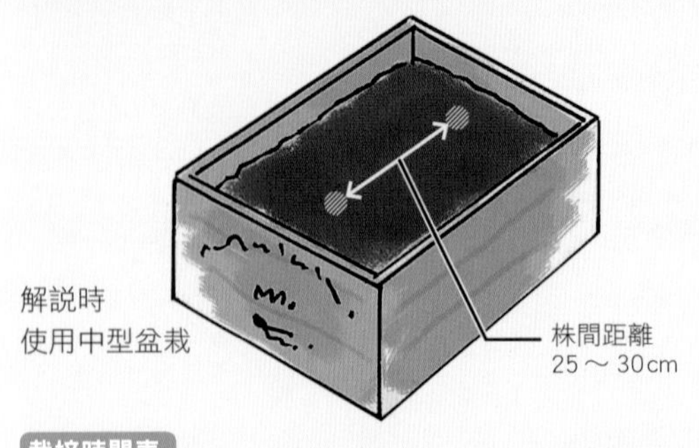

栽培時間表

1月	2月	3月	4月	5月	6月	7月	8月	9月	10月	11月	12月
	定植（春）					定植（秋）					
			採收（春）					採收（秋）			

2 追肥①

4月中旬～**5**月上旬(春)　**9**月中旬～**10**月上旬(秋)

定植約2～3週後進行追肥

定植約2～3週後，每一植株約施放一小撮（5g）的化學肥料於植株周圍。追肥後以指尖淺淺地鬆土讓土壤和肥料充份混合，植株進行培土後輕壓即可。

3 追肥②

4月下旬～**5**月下旬(春)　**9**月下旬～**10**月下旬(秋)

第1次追肥2～3週後，進行第2次追肥

第1次追肥2～3週後，進行第2次追肥，每一植株呈環狀施放一小撮（5g）的化學肥料於植株周圍（葉片下）。若植株過大，沒有空間時，施放於盆栽一角也可以。追肥後，以指尖淺淺地鬆土讓肥料和土壤混合，根部進行培土後輕壓。

4 摘芯

5月上旬～**6**月上旬(春)　**10**月上旬～**11**月上旬(秋)

頂部花蕾摘除，讓側花蕾生長

摘除主莖前端的頂花蕾，讓側花蕾延伸生長。儘可能在頂花蕾約2cm時進行摘芯，摘下的頂花蕾可以食用。

5 採收

5月下旬～**6**月下旬(春)　**10**月下旬～**12**月下旬(秋)

花蕾緊實後即可採收

側花蕾緊實後，就是適合採收的時期。自莖部摘下或以剪刀剪下即可。

不只外表奇特，維生素C也很豐富

結球甘藍

十字花科

Kohlrabi

奇特的外表，雖然有點像蕪菁，
其實卻是高麗菜的同類，
也是容易栽培的蔬菜之一。
削去厚皮後可以作為生菜料理，
也可以油炒或燉煮。
含有豐富的維生素C，
具有提升免疫力及美肌的效果。

1 定植

9月上旬～10月中旬

本葉發出4～6片後定植幼苗

間隔20cm左右，挖出和育苗盆相同大小的植穴，以指尖夾住本葉發出4～6片的幼苗，不破壞根缽土的情況下將幼苗自育苗盆取出。

定植後覆蓋周圍土壤，根部進行培土並以手輕壓。

最後以花灑進行給水，使土壤和根部密合。

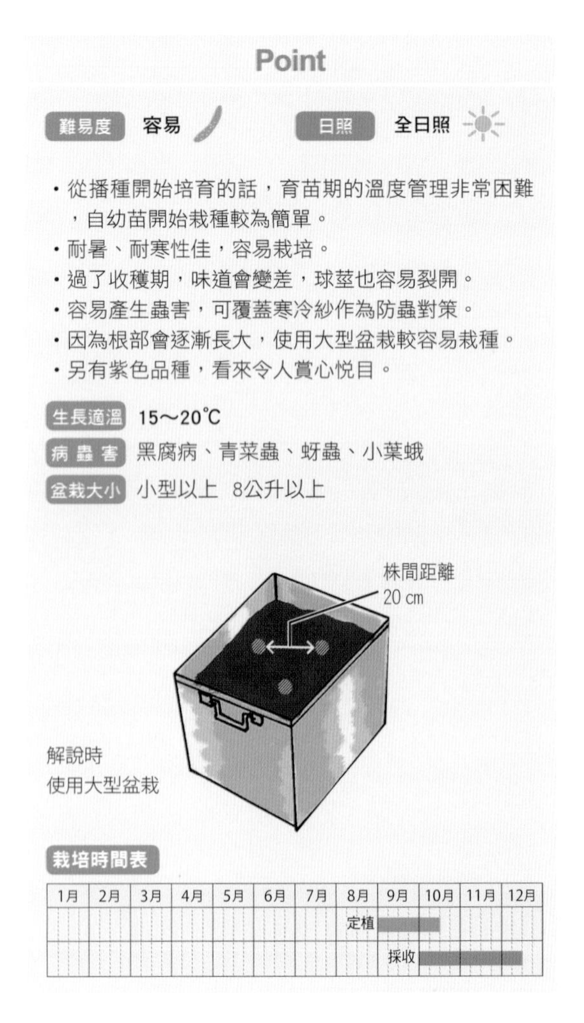

Point

難易度 容易　日照 全日照

- 從播種開始培育的話，育苗期的溫度管理非常困難，自幼苗開始栽種較為簡單。
- 耐暑、耐寒性佳，容易栽培。
- 過了收穫期，味道會變差，球莖也容易裂開。
- 容易產生蟲害，可覆蓋寒冷紗作為防蟲對策。
- 因為根部會逐漸長大，使用大型盆栽較容易栽種。
- 另有紫色品種，看來令人賞心悅目。

生長適溫 15～20℃
病蟲害 黑腐病、青菜蟲、蚜蟲、小菜蛾
盆栽大小 小型以上 8公升以上

栽培時間表

1月	2月	3月	4月	5月	6月	7月	8月	9月	10月	11月	12月
							定植				
								採收			

2 追肥

9月中旬～10月下旬

定植約2週後進行追肥

定植約2週後，每一植株施放一小撮（2～3g）的化學肥料於植株周圍。追肥後以指尖淺淺地鬆土讓土壤和肥料充份混合，根部進行培土後輕壓即可。

3 採收

10月上旬～12月中旬

球莖直徑約5～7cm時即可採收

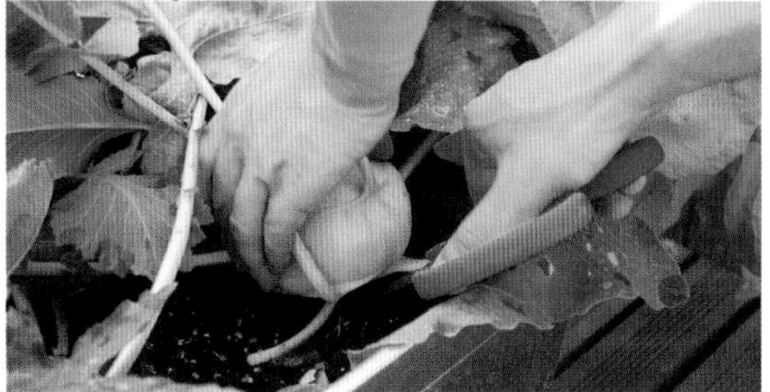

球莖直徑約5～7cm時，就是適合採收的時期。為了方便採收，先以單手將球莖下壓使其傾斜後，再將剪刀伸入球莖下方剪下即可。過了採收期，球莖容易裂開，口感也會降低，要特別注意。

葉菜類

結球甘藍

育苗方法

先確認種袋上所標示的適合播種期。3號育苗盆內裝入播種專用培養土，以指尖作出3個凹洞，分別播下1粒種子。

覆蓋周圍土壤，根部進行培土後以手輕壓。

給水量自育苗盆底滲出即可，讓土壤和肥料充份混合。

本葉發出1～2片時，將發育不良的植株拔除，僅剩一株健苗。本葉發出4～6片後進行定植。

小松菜

十字花科

幾乎一整年都可以栽種，營養豐富的江戶蔬菜

Spinach mustard

江戶時期，於現今日本的江戶川區小松川，
盛行栽種此蔬菜，因以此命名。
含有豐富的維生素及礦物質，
屬於營養豐富的綠黃色蔬菜。
除了隆冬之外，一整年都可以栽種，
從播種到採收，若時間適當，
約30天就可以採收。

1 播種

2月下旬～10月下旬

間隔10～15cm進行條播

1 間隔10～15cm，作出深約0.5～1cm的植溝，不重疊均勻地撒下種子。

2 覆蓋周圍土壤後以手掌輕壓。

3 最後進行給水。

Point

難易度 容易　**日照** 全日照

- 生長時間短，連初學者都可以輕鬆栽種。
- 因為夏天容易發生蟲害，必須覆蓋寒冷紗作為防蟲對策。
- 耐暑、耐寒性佳，幾乎一整年都可以栽種。
- 生長過大會導致味道變差，所以要確實掌握採收時間。

生長適溫 15～25℃

病蟲害 葉斑病毒、青菜蟲、小菜蛾

盆栽大小 小型以上　8公升以上

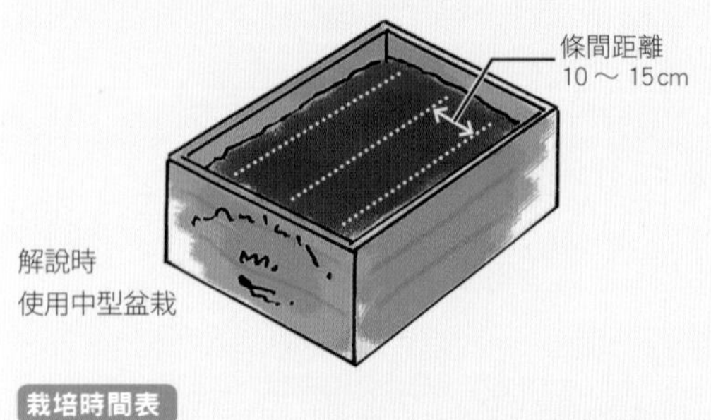

解說時
使用中型盆栽

栽培時間表

1月	2月	3月	4月	5月	6月	7月	8月	9月	10月	11月	12月
	播種										
		採收									

2 疏苗①・追肥①

3月上旬～**11**月中旬

本葉發出1～2片時進行第1次疏苗・追肥

本葉發出1～2片後，將發育不良的幼苗拔除，使株間距離為1～2cm。疏苗時壓住根部，避免傷及保留苗。

對著整個盆栽，均勻地施放一小把（7～8g）的化學肥料於植株條間。
追肥後以指尖淺淺地鬆土，根部進行培土避免植株倒塌。

3 疏苗②・追肥②

3月中旬～**11**月下旬

本葉發出4～5片時進行第2次疏苗・追肥

本葉發出4～5片後，將發育不良的幼苗拔除，使株間距離約為4～5cm。拔除的幼苗可以食用。

整個盆栽平均地施放一小把（7～8g）的化學肥料於植株條間。若因葉片生長茂密而不易施肥時，施放於盆栽四個角落也可以。
追肥後以指尖淺淺地鬆土，根部進行培土後輕壓即可。

4 採收

4月上旬～**12**月下旬

植株大小約15～20cm時，大概就可以採收了

植株大小約15～20cm時，就是適合採收的時期。為了方便採收，先以單手將植株扶著，再將剪刀伸入根部剪下即可。

營養價值高，適合盆栽栽培的半結球萵苣

半結球萵苣

菊科

Head lettuce

只要短短60天就可以採收，
可說是很容易栽種的蔬菜。
廣義地來說，
是介於結球萵苣和半結球萵苣之間，
因為耐暑性強、栽培簡單，
很適合盆栽栽種。
含有豐富維生素和鐵質等營養素，
是營養豐富的綠黃色蔬菜。

1 播種

3月上旬～4月中旬（春） 8月中旬～9月中旬（秋）

間隔15～20cm進行點播

間隔15～20cm，作出深約0.5～1cm的植穴，不重疊地分別播下3～4粒種子。

以周圍土壤覆蓋種子後以手輕壓。

最後以花灑進行給水，使種子和土壤密合。

Point

難易度 容易　日照 全日照

- 短時間就可以採收，連初學者都可以輕鬆栽種。
- 不耐乾燥，要隨時注意土壤的狀態，避免過於乾燥。
- 僅採摘外葉使用，即可長期享受採收的樂趣。

生長適溫 18～22℃

病蟲害 蚜蟲、夜盜蛾

盆栽大小 小型以上 8公升以上

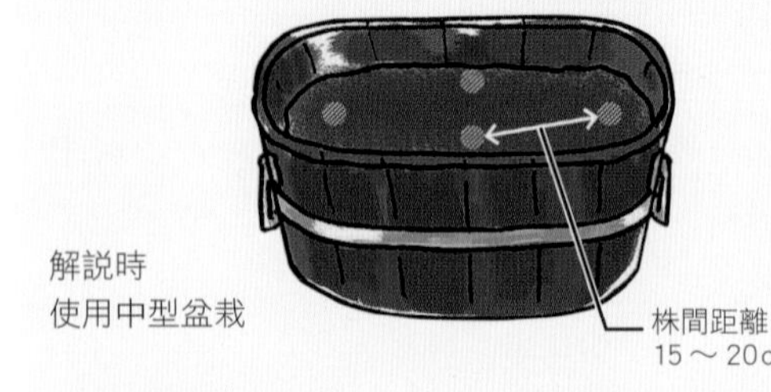

解說時
使用中型盆栽

栽培時間表

1月	2月	3月	4月	5月	6月	7月	8月	9月	10月	11月	12月
播種（春）						播種（秋）					
			採收（春）					採收（秋）			

2 疏苗①

4月上旬～5月中旬(春)　9月中旬～10月中旬(秋)

本葉發出4～5片時進行第1次疏苗

本葉發出4～5片後，將發育不良的幼苗拔除，1個植穴僅留2株健苗。疏苗時以剪刀剪除或壓住植株根部後再拔除，避免傷及保留苗。拔除的幼苗不要丟棄，可用作於料理。最後根部進行培土避免植株倒塌。

3 疏苗②

4月中旬～5月下旬(春)　9月下旬～10月下旬(秋)

本葉發出7～9片時進行第2次疏苗

本葉發出7～9片後，將發育不良的幼苗拔除，1處僅留1株健苗即可。疏苗時以剪刀剪除或壓住植株根部拔除，避免傷及保留苗。

4 追肥

4月中旬～5月下旬(春)　9月下旬～10月下旬(秋)

第2次疏苗後進行追肥

第2次疏苗後，每一植株施放一小撮（2～3g）的化學肥料於植株周圍。追肥後以指尖淺淺地鬆土，讓肥料和土壤混合，根部進行培土後輕壓即可。

5 採收

5月上旬～6月中旬(春)　10月中旬～11月下旬(秋)

直徑約15～25cm時，就是採收最佳時機

自上方看來，植株直徑約15～25cm時，就是適合採收的時期。為了方便採收，先以單手將植株倒向一側，再將剪刀伸入根部剪下。

新葉自中心處發出，而外葉則隨之老去，所以若從外葉開始採收的話，可以長期享受採收的樂趣。

不僅香味迷人，營養價值也高的日本香菜

紫蘇

紫蘇科

Perilla

栽培容易、用途廣泛，
使用起來非常方便的蔬菜。
栽種於陽台或近處，
生長時會發出特有的香氣，
具有療癒的效果。
含有維生素、礦物質等豐富的營養素，
營養價值非常高，
胡蘿蔔素和鈣質的含量，
也高居其他蔬菜之上。

1 播種

4月上旬～4月下旬

間隔25cm進行點播

間隔25cm，以手指輕輕挖出植穴，不重疊地分別播下2～3粒種子。

覆蓋一層薄土後以手輕壓。

以花灑進行給水，使種子和土壤密合。

Point

難易度 容易　**日照** 全日照

・耐暑熱，容易栽種。
・發芽時需要光源，播種後僅覆蓋薄土即可。
・採收前端的葉片或嫩葉，促使側芽生長，可增加採收量。

生長適溫 20～25℃

病蟲害 蚜蟲、葉蟎

盆栽大小 中型以上　16公升以上

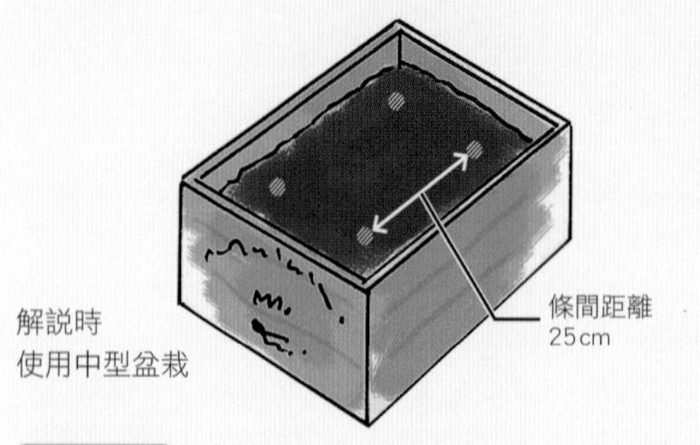

栽培時間表

1月	2月	3月	4月	5月	6月	7月	8月	9月	10月	11月	12月
		播種	■								
					採收 ■	■	■	■			

4 採收①

7月上旬～10月下旬

植株高度30cm以上即可採收

植株高度30cm以上，就是適合採收的時期。採收動作，可於生長茂密處開始，保留嫩葉的莖節進行採收。

5 採收②

9月下旬～10月上旬

採收花紫蘇和穗紫蘇

紫蘇穗延伸生長的前端處開著花，稱為「花紫蘇」，可用於油炸或生魚片的配菜。9月下旬左右，開出3～5成的花，即可採收。

「花紫蘇」採收後約10月上旬時，可以採收穗上殘留的少許花，下方開始結出膨脹果實的「穗紫蘇」。

2 追肥

6月上旬～10月中旬

1個月進行1～2次追肥

播種2個月後，1個月進行1～2次追肥，每一植穴施放一小撮（2～3g）的化學肥料於植株周圍（葉片下方）。追肥後以指尖淺淺地鬆土，根部進行培土後輕壓即可。

3 摘芯

6月中旬～7月中旬

植株高度約25cm時進行摘芯

植株高度生長至25cm時，為了讓側芽生長，必須進行摘芯。摘芯時，自發出側芽的葉片上方剪下，剪下的芯可以食用。

保留側芽，自莖節上方處進行摘芯

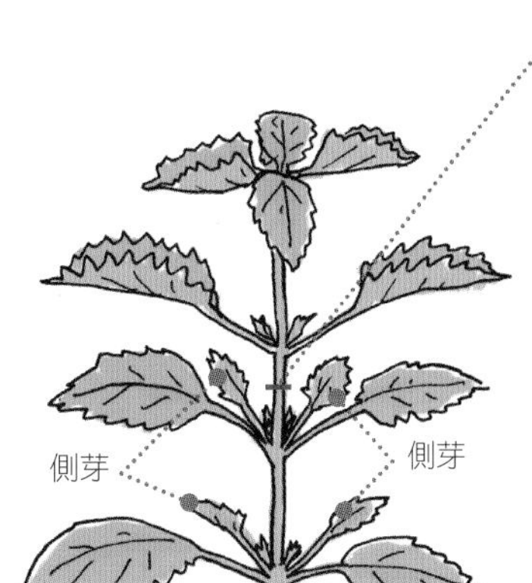

盆栽栽種的茼蒿是火鍋首選食材

茼蒿

菊科

Garland chrysanthemum

栽培容易，可以長期享受採收的樂趣。
雖然採收後鮮度容易降低，
但是以盆栽栽培時，採收後立刻食用，
可以品嚐出真正的美味，在此強力推薦。
含有增強抵抗力的胡蘿蔔素，
以及預防貧血的鐵質等，
是營養豐富的黃綠色蔬菜。

1 播種

3月中旬～**4**月中旬(春)　**9**月上旬～**10**月中旬(秋)

種子不重疊地進行條播

1 間隔15～20cm後作出植溝，不重疊地平均播下種子。

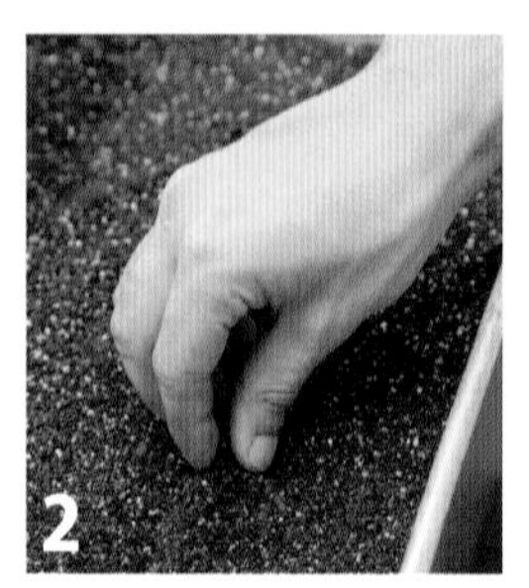

2 種子覆蓋薄土後，以手掌自上方輕壓。

3 最後進行給水，使種子和土壤密合。

Point

難易度 容易　　**日照** 全日照

- 栽培時間短，抗寒力強容易栽種。
- 春播容易遭致蟲害，可覆蓋寒冷紗作為防蟲對策。
- 不耐乾燥，為避免土壤過於乾燥，要隨時注意土壤的狀態。
- 秋播採收側芽，可長期享受採收的樂趣。

生長適溫 15～20℃

病蟲害 褐炭病、黃斑病、蚜蟲、潛葉蠅

盆栽大小 小型以上　8公升以上

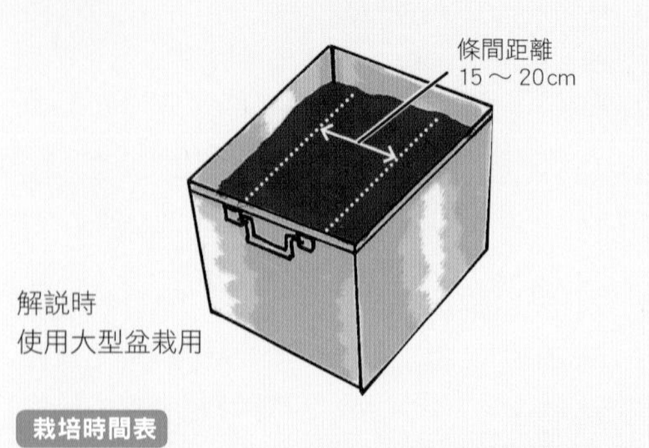

栽培時間表

1月	2月	3月	4月	5月	6月	7月	8月	9月	10月	11月	12月
	播種(春)						播種(秋)				
			採收(春)					採收(秋)			

2 疏苗①

4月上旬～4月下旬(春)　9月中旬～10月下旬(秋)

發出雙葉後進行疏苗

雙葉發出後，將發育不良的幼苗拔除，使株間距離約為0.5～1cm。疏苗時以剪刀剪除或壓住植株根部拔除，避免傷及保留苗。

3 疏苗②・追肥①

4月中旬～5月中旬(春)　10月上旬～11月中旬(秋)

植株生長至4～5cm時，進行第2次疏苗

植株生長至4～5cm時，將發育不良的幼苗拔除，使株間距離為3～5cm。疏苗時以剪刀剪除或壓住植株根部拔除，避免傷及保留苗。

盆栽整體施放一小把（約10g）的化學肥料於條間。追肥後以指尖淺淺地鬆土，根部進行培土後輕壓即可。

4 疏苗③・追肥②

5月上旬～6月上旬(春)　10月下旬～12月中旬(秋)

植株生長至12cm時，進行第3次疏苗

植株生長至12cm時，再將發育不良的幼苗拔除，使株間距離為8～10cm。疏苗後對著盆栽整體施放一小把（約10g）的化學肥料於條間。追肥後為避免傷及植株，以指尖淺淺地鬆土，讓土壤和肥料混合。

5 採收

5月中旬～6月中旬(春)　11月上旬～12月下旬(秋)

植株高度約15cm時，就是適合採收的時期

春播時，植株高度約15cm時，以剪刀伸入根部剪下即可。

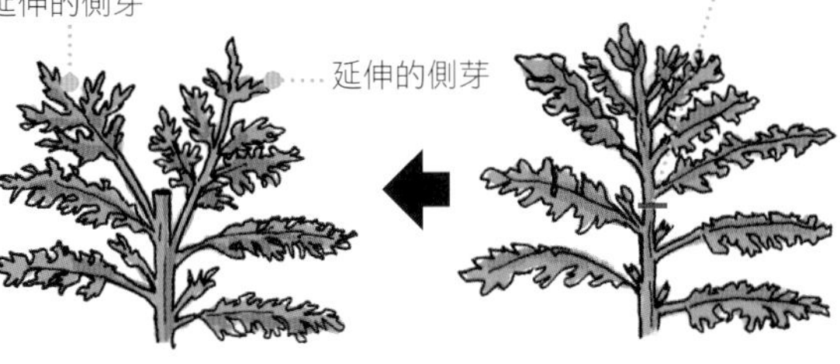

秋播時，保留下葉約3～4片，自節上剪下採收，讓保留的下葉延伸側芽。成長之後的側芽，同樣地保留下葉採收，就可以長期享受採收的樂趣。

營養豐富、不挑剔栽培期間的有色蔬菜

紅菾菜

藜科

Swiss chard

除了冬天之外，
幾乎一整年都可以栽種，
所以也稱為「不斷草」，跟菠菜同類。
對病蟲害和暑熱抵抗力強，
不耗費功夫也可以栽種的蔬菜。
在菠菜少產的夏季很適合栽種，
因為含有維生素A及鈣質等，
營養價值很高，
是很受歡迎的蔬菜之一。

1 播種

4 月上旬 ～ 9 月下旬

間隔8～10cm進行點播

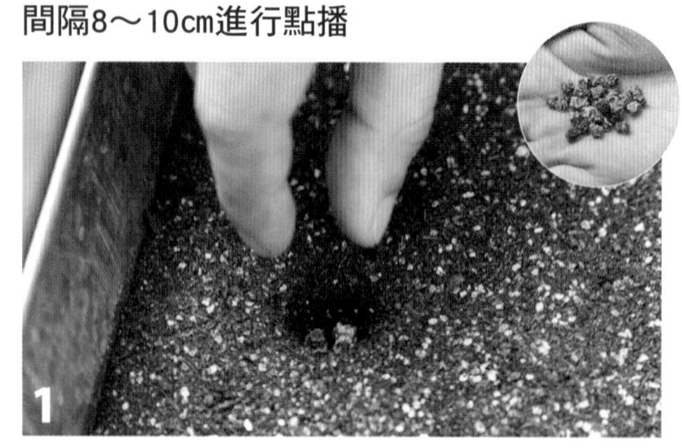

間隔8～10cm，以手指輕輕挖出植穴，分別播下3～4粒種子。

覆蓋周圍土壤後以手輕壓。

進行給水，使種子和土壤密合。

Point

難易度 容易　**日照** 全日照

・栽培時間短，即使是初學者也可以輕鬆栽種。
・植株生長過大以栽種。。

生長適溫 15～20℃

病蟲害 幾乎不需要擔心

盆栽大小 小型以上 8公升以上

解說時
使用中型盆栽

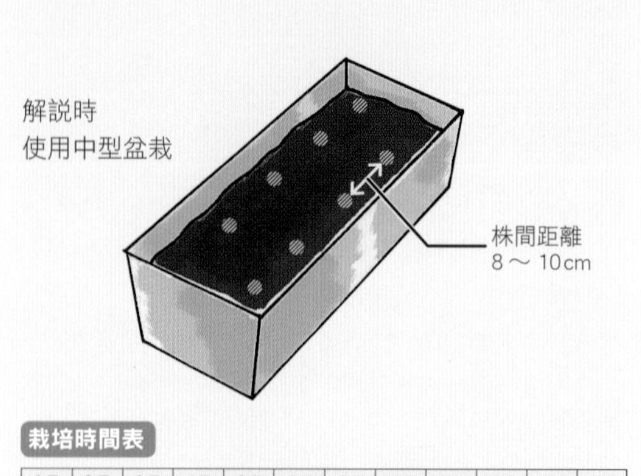

栽培時間表

1月	2月	3月	4月	5月	6月	7月	8月	9月	10月	11月	12月
		播種	■	■	■	■	■	■			
			採收	■	■	■	■	■	■	■	

2 疏苗①

4月中旬～**10**月中旬

本葉發出2～3片後，進行第1次疏苗

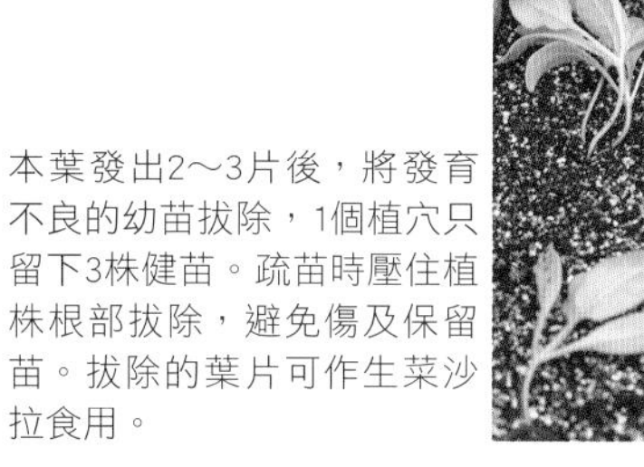

本葉發出2～3片後，將發育不良的幼苗拔除，1個植穴只留下3株健苗。疏苗時壓住植株根部拔除，避免傷及保留苗。拔除的葉片可作生菜沙拉食用。

3 疏苗②・追肥①

4月下旬～**10**月下旬

植株生長至15cm時，進行第2次疏苗

植株生長至15cm時，將發育不良的幼苗拔除，1個植穴只留下2株健苗。之後播種處施放一小撮（約2～3g）的化學肥料於植株周圍。追肥後以指尖淺淺地鬆土，根部進行培土後輕壓。

4 疏苗③・追肥②

5月上旬～**11**月上旬

植株生長至20cm時，再次進行疏苗和追肥

植株生長至20cm時，再次將發育不良或外形不佳的幼苗拔除，1個植穴只留下1株健苗。疏苗後，每一植株施放一小撮（約2～3g）化學肥料於植株周圍。以指尖淺淺地鬆土，根部培土後輕壓。

5 採收

5月中旬～**11**月下旬

植株高度25～30cm時，大約就是可採收的時期

植株高度約25～30cm時，就是適合採收的時期。以手將植株傾向一邊，剪刀伸入根部剪下即可。

顏色深濃帶皺褶為其外表特徵，是冬天美味的中國蔬菜

榻顆菜

十字花科

Tacai

對暑熱和酷寒抵抗力強，容易栽培，
即使嚴冬時期也可以採收，
別名也稱為「如月菜」，
據說此時採收的品質最好。
含有豐富的胡蘿蔔素、維生素、鈣質等，
可用於各種料理，非常方便。

1 播種

4月上旬～5月下旬(春)　8月下旬～9月下旬(秋)

間隔10～12cm進行點播

間隔10～12cm，以手指作出深約1cm的植穴，不重疊地分別播入2～3粒種子。

周圍土壤覆蓋種子後，以手掌輕壓。

最後以花灑進行給水，使種子和土壤密合。

Point

難易度 容易　**日照** 全日照

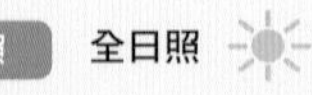

- 夏天葉片會立起，冬天則會緊貼地面，依據播種時期的不同，植株的模樣也隨之改變（說明中的照片是秋天播種）。
- 降霜後，葉片的甜度會增加。
- 不耐乾燥，為避免土壤過於乾燥，要隨時注意土壤的狀態。
- 秋天播種時，植株會沿著地面生長，所以必須預留株間距離。

生長適溫 15～20℃

病蟲害 蚜蟲、小菜蛾、夜盜蛾

盆栽大小 中型以上　16公升以上

解說時
使用大型盆栽

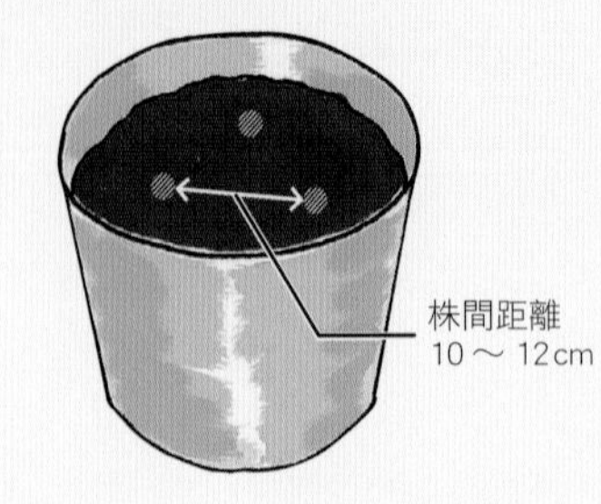

栽培時間表

1月	2月	3月	4月	5月	6月	7月	8月	9月	10月	11月	12月
		播種（春）					播種（秋）				
				採收（春）				採收（秋）			

2 疏苗①

4月下旬～6月中旬(春)　9月中旬～10月中旬(秋)

葉發出3～4片後進行疏苗

本葉發出3～4片後，一處植穴個別留下生育良好的幼苗2株，其他發育不良的幼苗則拔除。疏苗時壓住植株根部後再拔除，以免傷及保留苗。疏苗後，為避免植株倒塌，根部進行培土。

3 疏苗②・追肥①

5月上旬～6月下旬(春)　9月下旬～10月下旬(秋)

本葉發出5～6片後，進行疏苗

本葉發出5～6片後，將發育不良的幼苗拔除，一處只留下生育良好的幼苗1株。疏苗時以手指將植株根部壓下後再拔除或以剪刀剪除，避免傷及其他保留株。

疏苗後，每一植株施放一小撮（約2～3g）的化學肥料於植株周圍（葉片下方）。追肥後以指尖淺淺地鬆土，根部進行培土後輕壓即可。

4 追肥②

5月中旬～7月上旬(春)　10月上旬～11月上旬(秋)

第2次疏苗後1～2週進行追肥

第2次疏苗1～2週後。每一植株周圍（葉片下方）施放一小撮（約2～3g）的化學肥料。追肥處以指尖淺淺地鬆土，根部進行培土。

5 採收

5月下旬～7月中旬(春)　10月中旬～11月下旬(秋)

植株直徑約25cm時，即可採收

植株直徑約25cm時，請自根部以剪刀將整株剪下，或自外葉一片片採收亦可。因為降霜後葉片甜度會增加，秋播時就算採收較遲也沒關係。

洋蔥（小品種洋蔥）

嗆辣味輕微、可整顆使用的圓形小洋蔥

百合科

Onion

和一般洋蔥不同，
因為不嗆辣，所以特別容易入口，
燉煮或作湯等，
可以整顆放入的小品種洋蔥，
非常適合以盆栽栽培。
嗆味元素中的烯丙基硫化物，
可有效地促進血液循環，
同時也具有殺菌作用。

1 播種

2月上旬～**4**月上旬（春） **9**月中旬～**10**月中旬（秋）

間隔5～7cm進行條播

1 間隔5～7cm，作出深約0.5～1cm的植溝，不重疊地平均播下種子。

2 種子覆蓋周圍土壤後，以手掌輕壓。

3 最後以花灑進行給水，使種子和土壤密合。

Point

難易度 普通　**日照** 全日照

- 生長過程中分成2次進行疏苗。
- 洋蔥球無法順利長大的原因之一，可能是植株與植株之間的距離過於狹窄所致，因此適當的株間距離非常重要。
- 抽苔（參照125頁）是因為沒有遵守確實的播種時間而造成。

生長適溫 15～20℃

病蟲害 腐銹病、黃斑病、蚜蟲

盆栽大小 中型以上　16公升以上

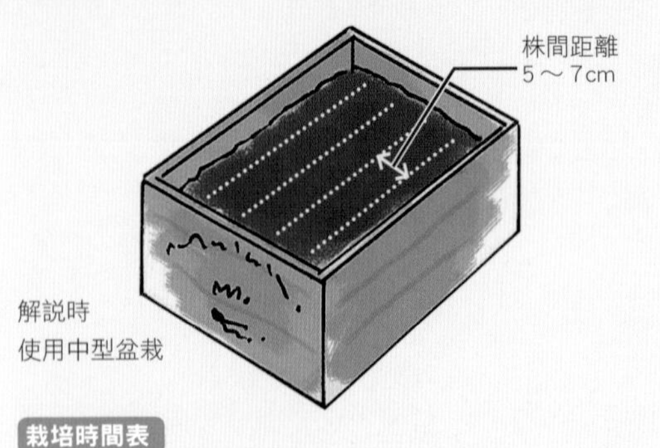

栽培時間表

1月	2月	3月	4月	5月	6月	7月	8月	9月	10月	11月	12月
				播種（春）			播種（秋）				
				採收（春）							
		翌年採收（秋）									

2 疏苗①

3月上旬～5月中旬(春)　10月中旬～11月中旬(秋)

播種4～5週後，進行第1次疏苗

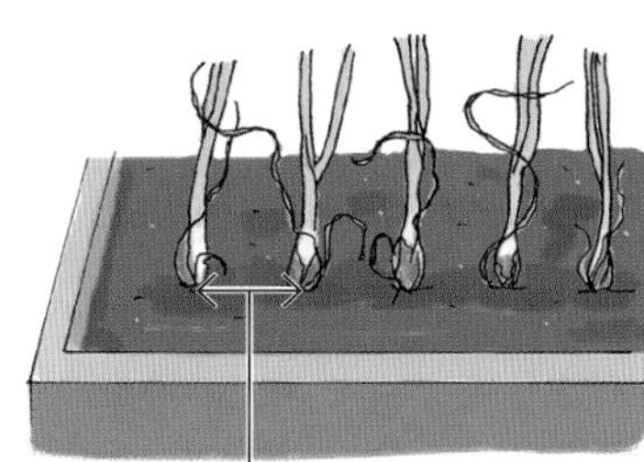

播種過後約4～5週，挑選外形不佳的幼苗進行疏苗。疏苗時先壓住植株根部，避免傷及保留苗，使株間距離為1～2cm。疏苗後，為避免植株倒塌，根部請進行培土後輕壓。

3 疏苗②

3月下旬～6月上旬(春)　10月下旬～11月下旬(秋)

前次疏苗後約2～3週，進行第2次疏苗

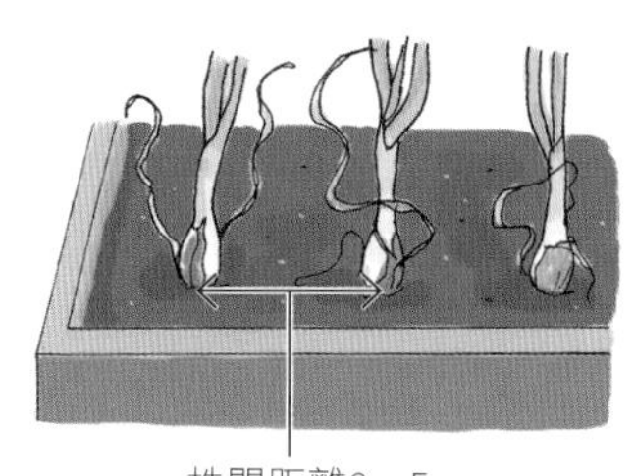

前次疏苗後約2～3週，進行第2次疏苗。將發育不良的幼苗拔除，使株間距離為3～5cm。疏苗時以手指將植株根部壓住後拔起，避免傷及其他植株。疏苗後，為避免植株倒塌，根部進行培土後輕壓。

4 追肥

3月下旬～6月上旬(春)　10月下旬・翌年3月中旬(秋)

疏苗後進行追肥

春播於第2次疏苗後，秋播於第2次疏苗及植株休眠後（越冬後再次開始成長時），對著整個盆栽輕輕地施放二小撮（約7～8g）的化學肥料於條間。

追肥後以指尖淺淺地鬆土，讓土壤和肥料混合，根部進行培土後輕壓。

5 採收

5月下旬～6月下旬(春)　翌年4月上旬～4月下旬(秋)

葉片垂倒後，即可採收

整體約8成的葉片垂倒後，即可選擇天氣晴朗的日子進行採收。手握住靠近根部處的葉片，筆直地往上拔起後，貯藏於通風良好的地方。

能健康生長、受歡迎的中國蔬菜

青江菜

十字花科

Bok choy

因為耐暑、耐寒性強，
能夠栽種的時間也很長，
再加上很快就可以採收，
所以是很受歡迎的蔬菜。
含有豐富的維生素C，
能夠有效預防癌症及生活中常見的疾病。

1 播種

4月上旬～**5**月下旬(春)　**8**月下旬～**10**月中旬(秋)

間隔10cm進行條播

間隔10cm左右，作出深約0.5～1cm的植溝，不重疊地平均播下種子。

播種後覆蓋周圍土讓，並以手掌輕壓。

最後以花灑進行給水，使種子和土壤密合。

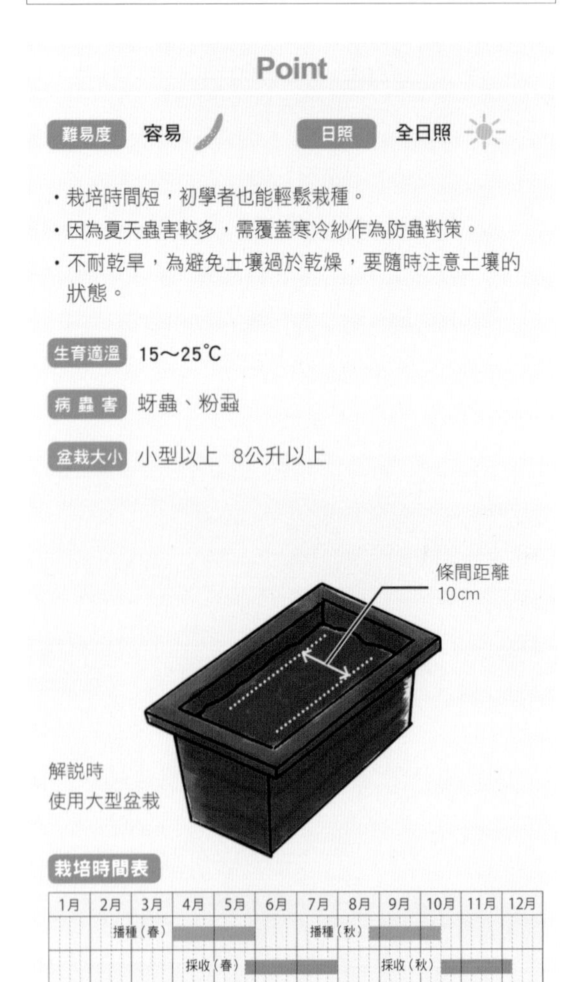

2 疏苗①

4月下旬～**6**月中旬(春) **9**月中旬～**11**月上旬(秋)

本葉發出2～4片後進行疏苗

本葉發出2～4片後，將發育不良的幼苗拔除，使株間距離為1～2cm。

疏苗時，為避免傷及保留苗，請以手壓住植株根部後再拔除。最後為了讓植株挺立，根部請進行培土。

3 疏苗②・追肥

5月上旬～**6**月下旬(春) **9**月下旬～**11**月中旬(秋)

本葉發出5～7片後，進行第2次疏苗和追肥

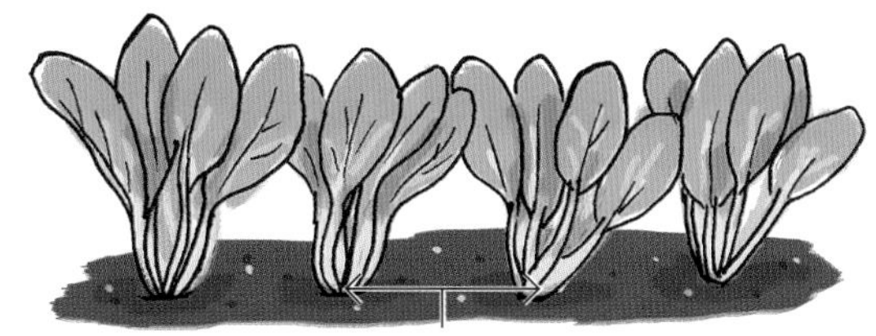

本葉發出5～7片後，將發育不良的幼苗拔除，使株間距離為4～5cm。

疏苗後，對著整體盆栽施放一小把（約10g）化學肥料於條間，追肥後以指尖淺淺地鬆土，根部進行培土後輕壓。

4 疏苗③

5月中旬～**7**月上旬(春) **10**月上旬～**11**月下旬(秋)

本葉發出7～9片後，進行第3次疏苗

本葉發出7～9片後，將發育不良的幼苗拔除，使株間距離為8～10cm。拔除的嫩苗可作為料理食用。

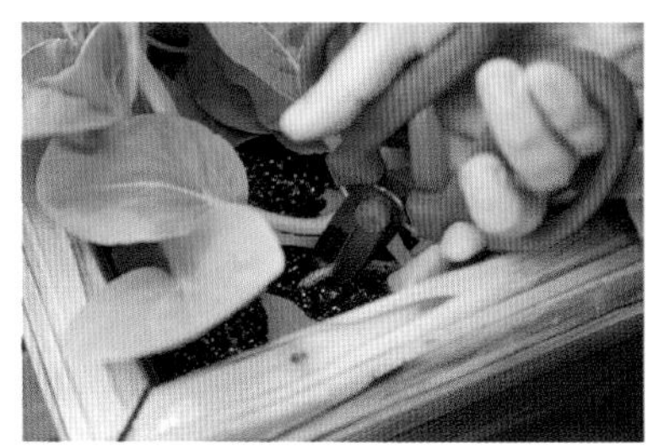

疏苗時，為避免傷及其他植株，請以剪刀自根部剪下即可。疏苗後，為了避免植株倒塌，請於根部進行培土。

5 採收

5月下旬～**7**月下旬(春) **10**月中旬～**12**月上旬(秋)

植株大小約20cm時，大致上就可以採收

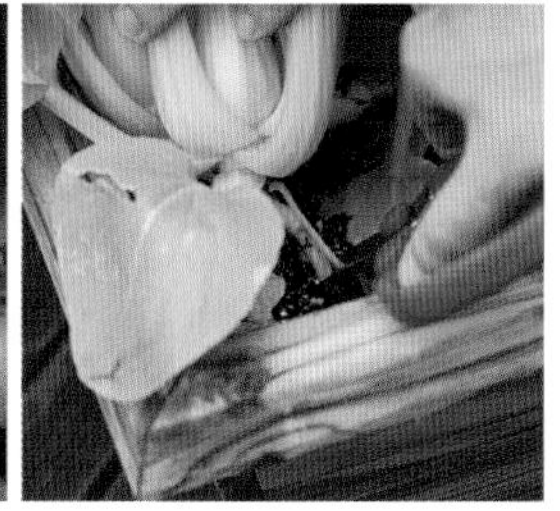

植株高度約20cm時，就是適合採收的時期。採收時，請自根部剪下。過遲採收會造成口感變差，要特別注意。

營養豐富、病蟲害少的熱帶蔬菜

落葵

落葵科

Malabar nightshade

耐暑性強，
也不需擔心病蟲害，
屬於容易栽培的蔬菜。
料理時會釋出黏稠感為其特徵，
常用作油炒或小菜等。
含有豐富鈣質及維生素，
對於預防骨質疏鬆或感冒等症狀，
具有良好的效果。

1 播種

5月上旬～**6**月下旬

間隔10～15cm進行點播

1

間隔10～15cm，挖出深約1cm的植穴，分別播入2～3粒種子。

3

以花灑進行給水，使土壤和種子密合。

2

播種後覆蓋周圍土壤並以手掌輕壓。

Point

難易度 容易　**日照** 全日照

- 耐暑熱及病蟲害，初學者也能輕鬆栽種。
- 不耐乾燥，為避免土壤過於乾燥，要隨時注意土壤的狀態。
- 若想要享受長期採收的樂趣，請趁早摘芯讓側芽延伸生長。

生長適溫 20～30℃

病蟲害 蚜蟲

盆栽大小 中型以上　16公升以上

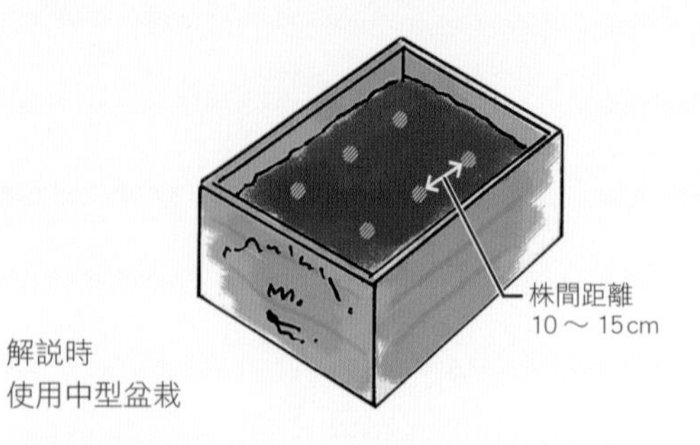

解說時
使用中型盆栽

栽培時間表

1月	2月	3月	4月	5月	6月	7月	8月	9月	10月	11月	12月
			播種	■	■						
					採收	■	■	■	■	■	

2 疏苗

6月上旬～7月下旬

本葉發出2～4片後進行疏苗

本葉發出2～4片後，1處只留下1株生長狀況良好的健苗，其他生長狀況不佳的幼苗則拔除。為避免傷及其他幼苗，最好以剪刀自根部剪斷。

3 摘芯

6月中旬～8月下旬

藤蔓長度30cm以上則進行摘芯

為了讓側芽延伸生長，保留根部約15～20cm自莖節上方剪下。

4 追肥

6月中旬～10月中旬

配合植株生長進行追肥

若植株生長狀況惡化時，每一植株施放一小撮（2～3g）的化學肥料於植株周圍。追肥後以手指淺淺地鬆土，根部進行培土後輕壓。

5 收穫

6月下旬～11月下旬

側芽長度約20～30cm時，大致上就可以採收

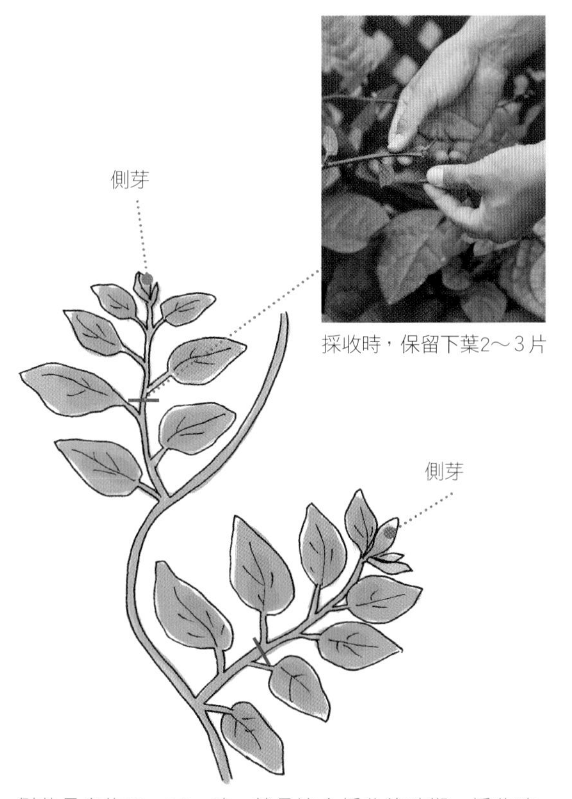

採收時，保留下葉2～3片

側芽長度約20～30cm時，就是適合採收的時期。採收時，保留下葉2～3片，自前端15～20cm處以手或剪刀採收，會再次發出側芽繼續生長，因此可享受長期採收的樂趣。

韭菜

具有獨特香氣、營養豐富的健康蔬菜

百合科

Chinese chive

可以連續數年採收，
栽培容易，同時營養價值高，
屬於可廣泛運用的健康蔬菜。
被歸類為綠黃色蔬菜，
含有豐富的胡蘿蔔素及維生素，
具有預防感冒及整腸的效果。

1 播種

3 月上旬～**3** 月下旬

不重疊地均勻播種

間隔約6～8cm，以手指作出深約0.5～1cm的植溝，不重疊地平均播下種子。

覆蓋周圍土壤後，以手掌輕壓。

以花灑進行給水，使土壤和種子密合。

Point

難易度 容易　**日照** 全日照

- 不易遭受病蟲害，栽種容易。
- 屬於多年生草本植物，種植1次就可以連續採收數年。
- 採收時保留根部，一年可以採收數回。
- 獨特的香味，害蟲不易寄生。

生長適溫 15～20℃

病蟲害 腐銹病、蚜蟲

盆栽大小 小型以上 8公升以上

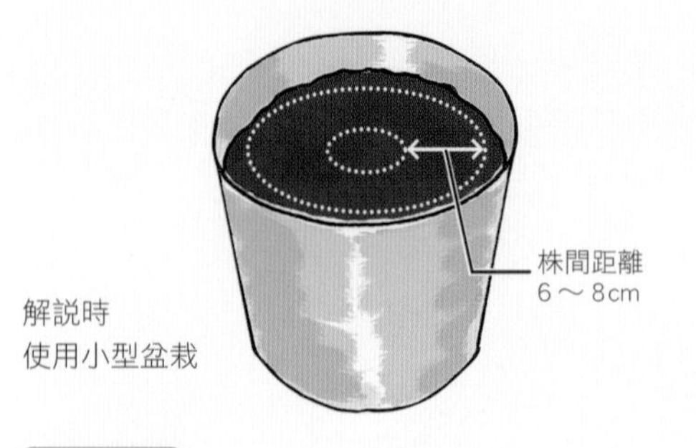

栽培時間表

1月	2月	3月	4月	5月	6月	7月	8月	9月	10月	11月	12月
	播種										
						採收					
		翌年採收									

2 追肥

6 月中旬～**9** 月下旬

播種3個月後進行追肥

持續進行給水管理，3個月後，整個盆栽施放一小撮（5g）的化學肥料於條間。追肥後以手指淺淺地進行鬆土，根部進行培土後輕壓。

3 採收

7 月中旬～**11** 月上旬　翌年 **4** 月中旬～**9** 下旬

植株高度25cm時就可以採收

植株高度25cm時就是適合採收的時期。植株保留3～4cm後以剪刀剪下。

再次採收時，採收後對整個盆栽施放一小撮（5g）的化學肥料。追肥後以手指淺淺地進行鬆土。

4 再次採收

8 月中旬～**11** 月上旬　翌年 **5** 月中旬～**9** 下旬

適合採收時即可進行採收

前次採收處可清楚看出發出的新芽。

植株高度又長至25cm時，就是再次採收的時期。植株保留3～4cm後以剪刀剪下。和初次採收時一樣進行追肥，就可以連續多次採收。

盆栽栽培 Q & A

Q 聽說和韭菜一起種植，較不易遭致蟲害是真的嗎？

A 還是要依蔬菜的種類而定，例如：馬鈴薯容易寄生的甲蟲，因討厭韭菜的臭味，所以不會靠近，蕃茄也不容易發生根腐萎凋病等。

冬天火鍋不可缺少的蔬菜

包心白菜（迷你白菜）

十字花科

Chinese cabbage

不耐暑熱、
病蟲害抵抗力差等因素，
比起其他蔬菜，栽培上需要費點心思，
但是從基本的火鍋材料開始，
可運用於各種不同料理的珍貴蔬菜。
含有維生素C及礦物質，
具有預防感冒及提高免疫力的效果。

1 定植

9月上旬～10月上旬

本葉發出6～7片後定植幼苗

間隔20～30cm左右，作出和育苗盆相同大小的植穴，以指尖夾住幼苗根部，在不破壞根缽土的情況下，將本葉6～7片的幼苗自育苗盆取出後植入。

定植後進行給水，使土壤和根部密合。

植株根部培土後以手掌輕壓。

Point

難易度 普通　　**日照** 全日照

- 對於病蟲害的預防，需要費點心思。
- 不耐暑熱，以盆栽栽培最好選擇秋天。
- 從播種開始栽培的話，育苗時的溫度管理較為困難，建議從幼苗開始栽種較為簡單。

生長適溫 15～20℃

病蟲害 軟腐病、黃斑病、青菜蟲、蚜蟲、粉蝨、夜盜蛾

盆栽大小 中型以上　16公升以上

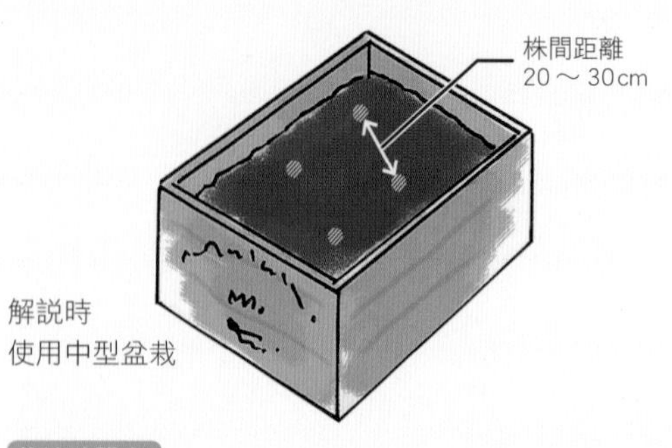

栽培時間表

1月	2月	3月	4月	5月	6月	7月	8月	9月	10月	11月	12月
							定植	■	■		
■	翌年採收								採收	■	■

4 採收

11月上旬～翌年**1**月下旬

壓下結球感覺結實，就是適合採收的時期

自上方下壓結球部分，若感覺裡面結實，就可以採收了。為了方便採收，先以手輕壓結球使其傾斜後，再將剪刀伸入植株下方剪下即可。

育苗方法

3號育苗盆內裝入播種專用培養土，分別以指尖作出3個凹洞，各播下1粒種子。播種時，必須確認種袋上的播種時期。

給水量約為自育苗盆底滲出的程度即可，讓種子和土壤密合。

本葉發出4～5片時，將發育不良的幼苗拔除，僅剩一株健苗。本葉發出6～7片後進行定植。

2 追肥①

9月中旬～**10**月下旬

定植約2～3週後進行第1次追肥

定植約2～3週後，每一植株環狀施放一小撮（2～3g）的化學肥料於植株周圍（葉片下方）。若葉片茂密阻礙施肥時，也可以施放於盆栽一隅。追肥後以指尖淺淺地鬆土讓土壤和肥料充份混合。

3 追肥②

10月上旬～**11**月上旬

第1次追肥後約2週，進行第2次追肥

定植約1個月左右，會開始結球，所以，第1次追肥約2週後，必須進行第2次追肥。每一植株周圍（葉片下方）施放一小撮（2～3g）的化學肥料。追肥後以指尖淺淺地鬆土，讓土壤和肥料充份混合。

為人所熟悉、營養豐富的佐料蔬菜

葉蔥

百合科

Japanese bunching onion

主要是食用葉片部分。
因為可以多次採收，
也不需要太大空間，
屬於容易栽培的蔬菜。
比起根深蔥，營養價值更高，
含有胡蘿蔔素及鈣質等，
可說是高營養的綠黃色蔬菜。

1 播種

4月上旬～9月中旬

不重疊地均勻進行條播

1
間隔6～8cm左右，以手指作出深約0.5～1cm的植溝，不重疊地平均播下種子。

2
播種後以指尖捏起周圍的土壤後覆蓋種子，以手輕壓即可。

3
最後進行給水，使土壤和種子密合。

Point

難易度 容易　日照 全日照～半日陰

- 栽培期間短且不耗費功夫，容易栽培。
- 幾乎不必擔心病蟲害。
- 採收時保留根部，一年可以採收數回。
- 日照不足、略微陰暗的地方也可以栽種。

生長適溫 15～20℃

病蟲害 腐銹病、薊馬

盆栽大小 小型以上 8公升以上

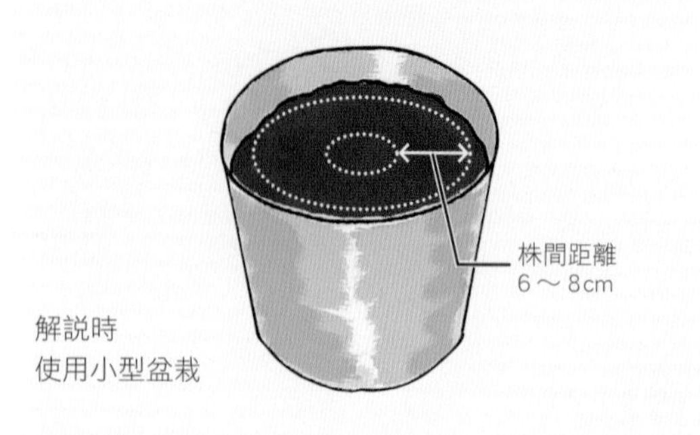

解說時
使用小型盆栽

栽培時間表

1月	2月	3月	4月	5月	6月	7月	8月	9月	10月	11月	12月
		播種	■	■	■	■	■	■			
				採收	■	■	■	■	■	■	

2 疏苗①

4月下旬～10月上旬

播種3週後進行第1次疏苗

葉片過於茂密時，進行疏苗使株間距離為0.5～1cm。為避免傷及其他幼苗，疏苗時最好以手壓住植株根部，挑選發育不良的幼苗拔除。

3 追肥

5月上旬～10月下旬

播種1個月後開始追肥

播種1個月後，視植株的生長狀況而定，大約1個月進行1次。對整個盆栽施放一小撮（5g）的化學肥料於條間。
追肥後以手指淺淺地進行鬆土，使土壤和肥料混合，根部進行培土後輕壓。

4 疏苗②

5月中旬～10月下旬

第1次疏苗3週後，進行第2次疏苗

葉片過於茂密時，進行疏苗使株間距離為1.5～2cm。為避免傷及其他幼苗，疏苗時最好以手壓住植株根部，挑選發育不良的幼苗拔除。拔除的幼苗可以食用，不要丟棄。

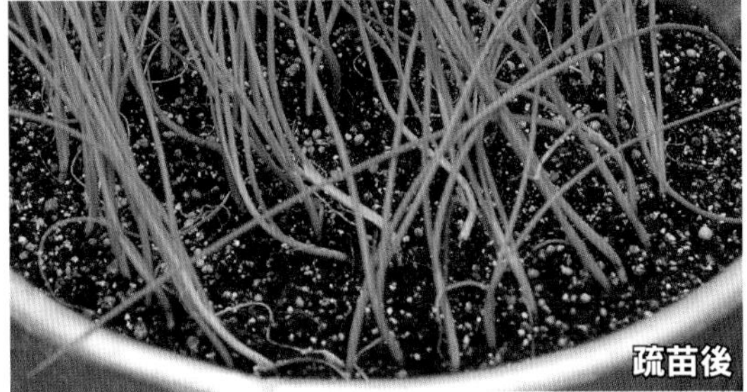

5 採收

6月上旬～11月中旬

植株高度20cm後就可以採收

植株高度20cm時就是適合採收的時期。植株保留4～5cm後以剪刀剪下採收。

採收後對整個盆栽施放一小撮（5g）的化學肥料於條間。追肥後以手指淺淺地進行鬆土，即可多次採收。

可以同時享受各種不同味道的生菜

小葉菜

十字花科、菊科等

Baby leaf

將被稱為「小葉菜」的
沙拉菜、芝麻菜、水菜等混植後，
採收其嫩葉食用。
除了隆冬之外，一整年都可以栽種，
因為生長期間短暫，1、2個月即可採收。

1 播種

4月上旬～**10**月中旬

不重疊地進行散播

以拇指和食指捏住少許種子，儘可能不重疊地平均播下種子。

播種後種子覆蓋薄土，以手掌輕壓即可。

最後進行給水，使土壤和種子密合。

Point

難易度 容易　**日照** 全日照

- 栽培期間短暫，即使是初學者也能輕鬆栽種。
- 若間隔距離過大，植株可能過度生長，造成口感生硬。
- 除了隆冬之外，幾乎一整年都可以栽種。
- 採收時，若不拔除整株，保留生長點的話，追肥後，即可再次進行採收。

生長適溫 15～20℃左右（依蔬菜種類而定）

病蟲害 青菜蟲、蚜蟲、小菜蛾等

盆栽大小 小型以上 8公升以上

解說時
使用小型盆栽

栽培時間表

	1月	2月	3月	4月	5月	6月	7月	8月	9月	10月	11月	12月
播種				■	■	■	■	■	■	■		
採收					■	■	■	■	■	■	■	

2 採收

5月中旬～**11**月下旬

葉片大小10～15cm時就可以採收

葉片長度10～15cm後就是適合採收時期。以剪刀自根部剪下即可。採收時，保留子葉（雙葉）上2～3cm即可再次收穫。

3 追肥

5月中旬～**10**月下旬

為了再次採收，採收後必須進行追肥

為了下次的採收，採收後對整個盆栽施放一小撮（5g）的化學肥料於採收後的植株根部。

因為植株之間沒有空隙，所以不進行鬆土，直接進行給水即可。

4 再次採收

6月上旬～**11**月下旬

葉片長度10～15cm時即可再次採收

葉片長度10～15cm時，就可以再次進行採收。以剪刀自根部剪下即可。採收時，保留子葉（雙葉）上2～3cm，之後再進行追肥，即可重複數次採收。

小葉菜的種類

當然小葉菜並沒有特定指哪一種類的蔬菜，由嫩葉菜類聚集而成。各種葉片在形狀上有不同的特徵，若能了解會比較方便。

耐寒性強、維生素豐富的綠黃色蔬菜

菠菜

藜科

Spinach

富含維生素及鐵質、鈣質等
營養的綠黃色蔬菜。
對於冬天的酷寒抵抗力強，卻不耐暑熱。
春天栽培時，請選用春播專用品種。
栽種期間短，栽培也很簡單，
即使是初學者也能輕鬆栽種的蔬菜。

1 播種

3月中旬～4月中旬(春)　9月上旬～10月下旬(秋)

間隔10～15cm進行條播

間隔10～15cm左右，作出深約0.5～1cm的植溝，不重疊地均勻播下種子。

最後以花灑進行給水，使種子和土壤密合。

播種後覆蓋周圍土壤，並以手掌輕壓。

Point

難易度 容易　　**日照** 全日照

- 栽培時間短，即使是初學者也可以輕鬆栽種。
- 春天和秋天雖然都可以播種，但春天播種容易抽苔（參照125頁），所以請選擇春天播種專用品種。
- 對於暑熱，濕氣的抵抗力弱，卻耐寒

生長適溫 15～20℃

病蟲害 黃斑病、蚜蟲

盆栽大小 小型以上　8公升以上

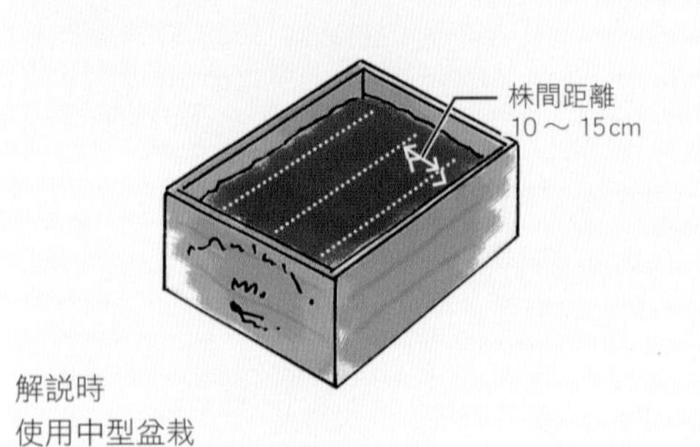

解說時
使用中型盆栽

栽培時間表

1月	2月	3月	4月	5月	6月	7月	8月	9月	10月	11月	12月
	播種(春)						播種(秋)				
			採收(春)					採收(秋)			

2 疏苗①・追肥①

3 月下旬～4 月下旬(春) 9 月上旬～11 月上旬(秋)

高度5cm後進行疏苗和追肥

植株高度5cm時，拔除生長不良的幼苗，使株間距離為2～3cm。

對著整個盆栽施放2小撮（約7～8g）化學肥料於條間。追肥後以指尖淺淺地鬆土，為避免植株倒塌，於根部進行培土後輕壓。

3 疏苗②・追肥②

4 月上旬～5 月上旬(春) 9 月中旬～11 月中旬(秋)

高度10～15cm時，進行第2次疏苗和追肥

植株高度10～15cm時，將發育不良的幼苗拔除，使株間距離為5～6cm。

對著整個盆栽施放2小撮（約7～8g）化學肥料於條間。
追肥後以指尖淺淺地鬆土，為避免植株倒塌，於根部進行培土後輕壓。

4 疏苗③

4 月中旬～5 月中旬(春) 9 月下旬～11 月下旬(秋)

植株高度15～20cm時，進行第3次疏苗

植株高度15～20cm時，將發育不良的幼苗拔除或剪下，使株間距離為8～10cm。

5 採收

5 月上旬～5 月下旬(春) 10 月上旬～12 月下旬(秋)

植株高度約20～25cm時，大致上就可以採收

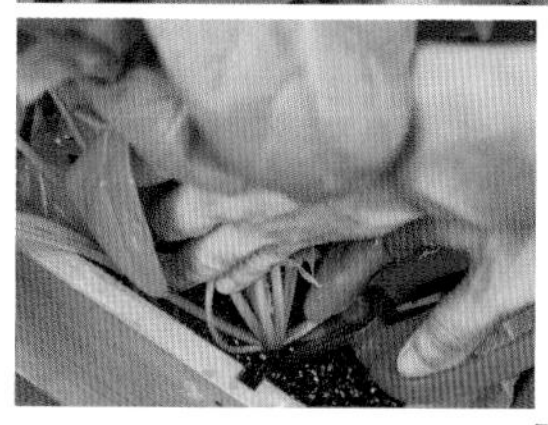

植株高度約20～25cm時，就是適合採收的時期。採收時，以一手將植株輕壓至一側，一手自根部以剪刀剪下。

菠菜分為西洋種（下方照片）和東洋種（上方照片），一般市售的種子大多已經交配過，所以可能會發出東洋種和西洋種的葉片。據説西洋種（參照125頁）不易抽苔，東洋種雖然容易抽苔，但是滋味較佳。

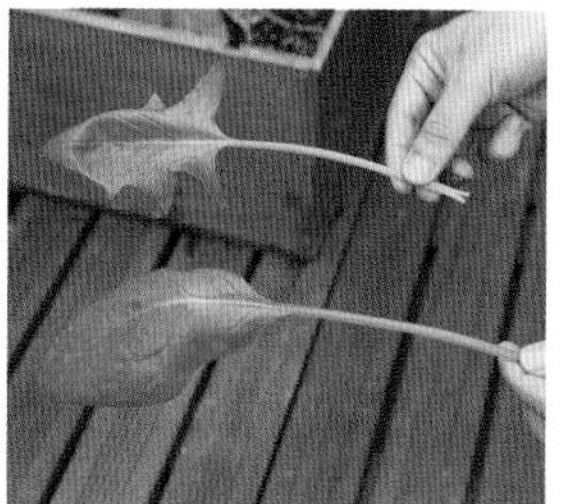

具有美容效果、充滿魅力的京都蔬菜

水菜

十字花科

Mizuna

因為京都到處都有栽種，
所以也被稱為「京菜」。
栽種時間短，屬於容易栽種的蔬菜。
含有胡蘿蔔素和維生素C等營養素，
除了火鍋之外，也常用於生菜料理，
可說是人氣非常高的蔬菜。

1 播種

9月上旬～9月下旬

間隔8～10cm進行條播

1
間隔8～10cm左右，作出植溝，不重疊地平均播下種子。

2
播種後覆蓋周圍土壤，並以手掌輕壓。

3
最後以花灑進行給水，使種子和土壤密合。

Point

難易度 容易　**日照** 全日照

- 栽培時間短，容易栽種。
- 因為蟲害較多，需覆蓋寒冷紗作為防蟲對策。
- 為了避免乾燥以及肥料短缺，建議使用大型盆栽栽種。
- 根部較為虛弱，斷裂會導致生長不良，所以追肥後鬆土時要特別注意。

生長適溫 15～25℃

病蟲害 黃斑病、蚜蟲、小菜蛾、夜盜蛾

盆栽大小 小型以上 8公升以上

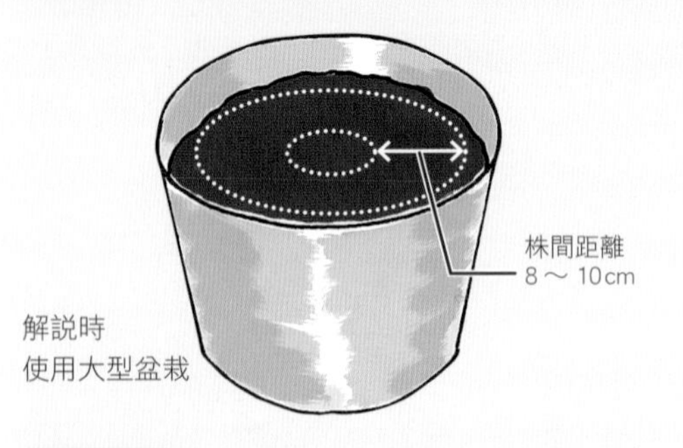

解說時
使用大型盆栽

栽培時間表

1月	2月	3月	4月	5月	6月	7月	8月	9月	10月	11月	12月
							播種	■			
■	■	翌年採收							採收	■	■

2 疏苗①

9 月下旬～10 月中旬

本葉發出2～3片後進行第1次疏苗

本葉發出2～3片後，將發育不良的幼苗拔除，使株間距離為1～2cm。疏苗時，為避免傷及保留苗，請壓住植株根部再行拔除。拔除的嫩葉可以食用，請勿丟棄。

3 疏苗②・追肥①

10 月上旬～10 月下旬

本葉發出7～8片後，進行第2次疏苗和追肥

本葉發出7～8片後，將發育不良的幼苗拔除，使株間距離為3～4cm。疏苗時，為避免傷及保留苗，請以剪刀進行疏苗。

對著整個盆栽平均地施放一小把（約10g）化學肥料於條間。追肥後以指尖淺淺地鬆土，根部進行培土後輕壓。

4 疏苗③追肥②

10 月中旬～11 月上旬

植株高度20cm，進行第 3 次疏苗和施肥

植株大小約20cm時，將發育不良的幼苗拔除同時進行採收，使株間距離為5～6cm。疏苗時，為避免傷及保留苗，請以剪刀進行疏苗。

對著整個盆栽均勻地施放一小把（約10g）化學肥料於條間。追肥後以指尖淺淺地鬆土，根部培土後輕壓。

5 採收

11 月上旬～翌年 2 月下旬

植株大小約25cm時，大致上就可以採收

第3次疏苗後約1個月，植株高度25cm時，就是適合採收的時期。採收時，為避免葉片或莖部折斷，輕輕地以手握住後自根部剪下採收。

料理的珍寶、容易栽培的香料蔬菜

鴨兒芹

繖形科

Japanese honewort

自古以來所食用的香料蔬菜。
因為半日照也可以栽種，
可以種植於日照不足的陰暗場所。
含有胡蘿蔔素、維生素C等成分，
香味中所蘊含的成分可以增進食慾，
並具有安定亢奮精神的效果。

1 播種

4月上旬～**9**月中旬

間隔10cm進行條播

間隔10cm作出植溝，儘可能不重疊地平均播下種子。

播種後種子覆蓋薄土，以手掌輕壓即可。

最後以花灑進行給水，使土壤和種子密合。

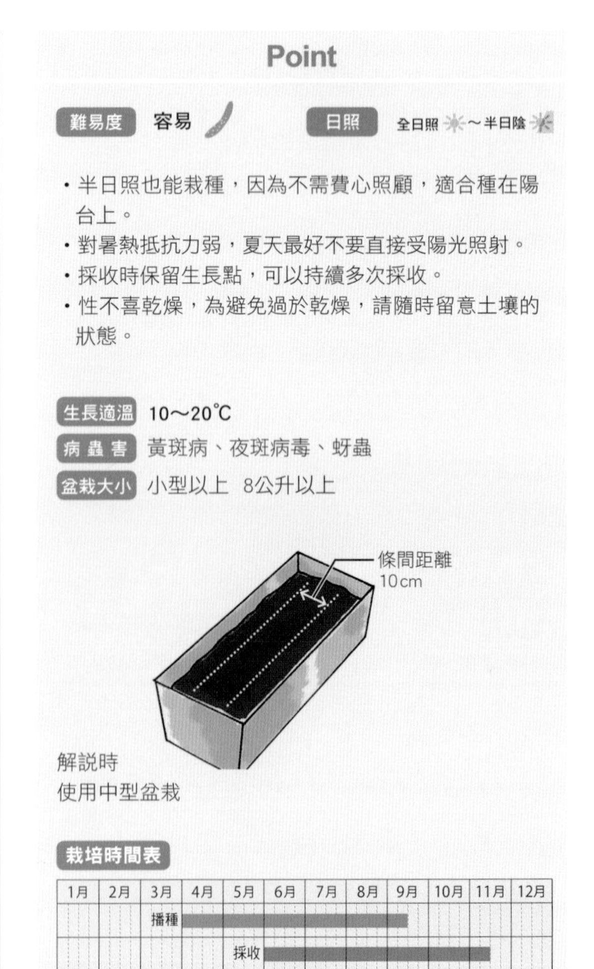

Point

難易度 容易　**日照** 全日照～半日陰

- 半日照也能栽種，因為不需費心照顧，適合種在陽台上。
- 對暑熱抵抗力弱，夏天最好不要直接受陽光照射。
- 採收時保留生長點，可以持續多次採收。
- 性不喜乾燥，為避免過於乾燥，請隨時留意土壤的狀態。

生長適溫 10～20℃
病蟲害 黃斑病、夜斑病毒、蚜蟲
盆栽大小 小型以上　8公升以上

解說時
使用中型盆栽

栽培時間表

1月	2月	3月	4月	5月	6月	7月	8月	9月	10月	11月	12月
		播種	■	■	■	■	■	■			
				採收	■	■	■	■	■	■	

2 採收

6月上旬～11月中旬

高度20～25cm時就可以採收

平日進行給水管理，植株高度20～25cm後就是適合採收時期。以單手輕壓植株，保留子葉（雙葉）上2～3cm後，以剪刀剪下採收。

3 追肥

6月上旬～10月中旬

為了再次採收，請進行追肥

為了再次採收，採收後對整個盆栽施放2小撮（7～8g）的化學肥料於條間。追肥後以指尖淺淺地鬆土，讓土壤和肥料混合。

4 再次採收

7月上旬～11月中旬

再次長至20～25cm時即可再次採收

植株高度再次長至20～25cm時，就可以再次進行採收。以單手輕壓植株，以剪刀剪下即可。同樣地，保留植株，採收後進行追肥，即可重複數次採收。

盆栽栽培 Q＆A〔黃斑病〕

Q 葉片上為什麼會有黃色斑點呢？

A 可能是染上了黃斑病。雖然是十字花科和葫蘆科蔬菜經常會發生的黃斑病，也會發生在鴨兒芹上。黃斑病發生時，葉片表面沿著葉脈會變成黃色，因為葉片背面長了霉菌而導致枯萎。病因是源自於細菌，好發於日照不足或低溫多濕的狀態。發病之後的葉片必須立刻做處理，發病面積廣的情況下，必須整株處理。若想早期預防，採取適當的株間距離，使通風良好，最好將盆栽放置於日照充足的地方。

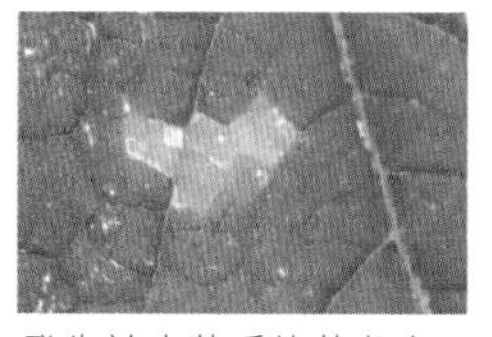

發生於小黃瓜的黃斑病

Q 發芽時間不一致該怎麼辦？

A 發芽時間不一致卻繼續成長的話，生長狀況也會參差不齊，導致生長遲緩而無法採收。若將種子浸泡於水中約1~2小時，發芽時間較為一致。

擁有溫和香氣、容易入口的小種芹菜

迷你芹菜

繖形科

Mini celery

雖然發芽需要花費些時間，
但比起一般的芹菜，
栽種時間較短，
可說是容易栽種的蔬菜。
含有維生素及礦物質等成分，
比荷蘭芹更香、氣味更溫和，
因此廣泛地被用於作湯或生菜料理。

1 播種

3月中旬～4月中旬(春)　8月中旬～9月下旬(秋)

不重疊地均匀播種

間隔約8～10cm，以指尖作出深約0.5～1cm的植溝，不重疊地平均播下種子。

播種後覆蓋薄土，並以手掌輕壓。

最後進行給水，使種子和土壤密合。發芽前請放置於半日蔭處。

Point

難易度　容易　　日照　全日照

- 比起一般的荷蘭芹來說，栽種較為容易。
- 發芽需要10~14天左右，略微花費時間。
- 發芽前請以半日照管理

生長適溫　15～25℃

病蟲害　蝶類的幼蟲

盆栽大小　小型以上　8公升以上

解說時
使用中型盆栽

栽培時間表

1月	2月	3月	4月	5月	6月	7月	8月	9月	10月	11月	12月
	播種(春)	■	■			播種(秋)	■	■			
			採收(春)	■	■		採收(秋)		■	■	■

2 疏苗

4月上旬～5月上旬(春)　9月上旬～10月中旬(秋)

雙葉發出後進行疏苗

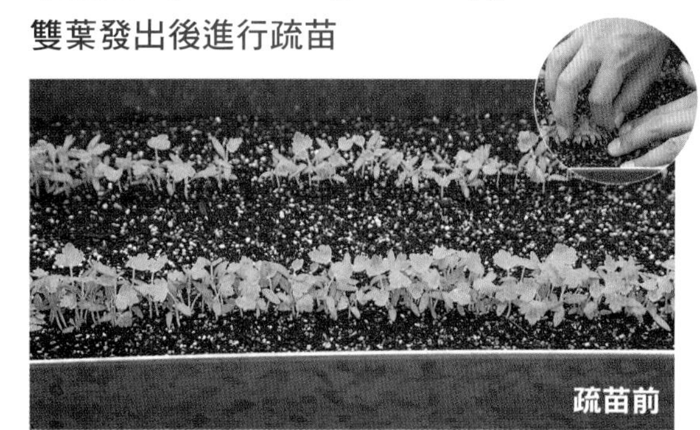

雙葉發出後，請將外形不佳及發育不良的幼苗拔除，使株間距離為1～2cm，疏苗後為了避免植株倒塌，請於根部進行培土。

3 採收

6月上旬～7月中旬(春)　10月中旬～12月中旬(秋)

植株高度20～25cm時，就可以採收

植株高度20～25cm時，就是適合採收的時期。採收時，以單手將植株輕壓傾倒，保留子葉（雙葉）上2～3cm，以剪刀剪下即可。

4 追肥

6月上旬～7月上旬(春)　10月中旬～11月下旬(秋)

採收後進行追肥

採收後，整個盆栽施放2小撮（約7～8g）的化學肥料於條間。

追肥後以指尖輕輕地鬆土，然後於根部進行培土。

5 再次採收

6月下旬～7月中旬(春)　11月中旬～12月中旬(秋)

生長至20～25cm時，即可再次採收

植株大小20～25cm時，可以再次進行採收。採收時，以單手將植株輕壓傾倒，自子葉（雙葉）上2～3cm處剪下，若再次追肥，可以連續多次採收。

可種植於日照不良處的香料蔬菜

茗荷

薑科

Mioga ginger

只要栽種一次，就可以連續數年採收，
即使是日照不佳處，也能栽種，
所以可以種植於半日照處
或其他蔬菜的陰影處。
因擁有獨特的香氣及辛味，
常被當成佐料，
香氣的成分具有增強食慾及幫助消化的效果。

1 定植

3月中旬～4月下旬

約3～4個並列定植

盆栽中央作出深約3～4cm的植溝，將發芽朝上約排列種植3～4個。

定植後培土至完全看不見根的狀態，並以手輕壓整平。

最後以花灑進行給水，之後必須持續約兩個月的給水管理。

Point

難易度 普通　**日照** 半日照

- 請置於半日照處或略微陰暗處栽種。
- 過於乾燥會降低品質，請隨時留意土壤的狀態。
- 開花後品質低落，請於結出花蕾前進行採收。

生長適溫 20～25℃

病蟲害 幾乎不需要擔心

盆栽大小 中型以上　16公升以上

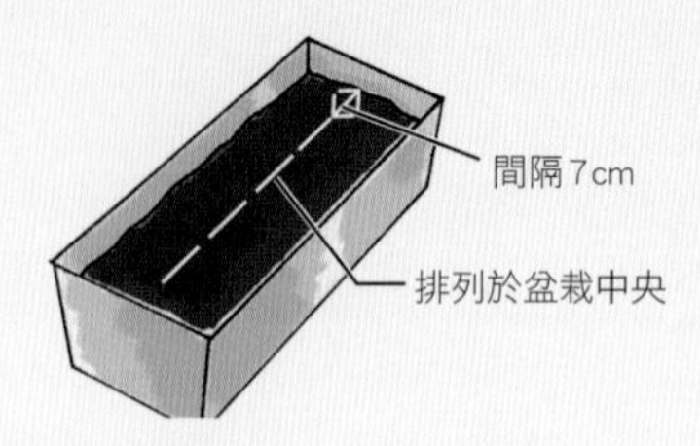

解說時
使用中型盆栽

栽培時間表

1月	2月	3月	4月	5月	6月	7月	8月	9月	10月	11月	12月
	定植	■	■								
							採收	■	■		

4 採收

9月上旬～10月中旬

植株根部結出花蕾時，隨時可以採收

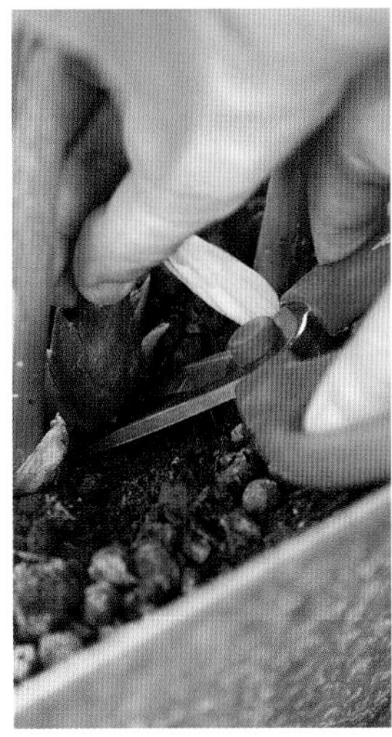

當植株根部結出花蕾時，隨時都可以採收。用剪刀自根部剪下，或以手抓住後往下折斷即可。

錯過採收期會開出花朵，味道自然隨之低落，要注意採收時間勿過遲。

5 採收後

10月下旬～11月中旬

枯萎後將地上部分剪掉

採收後，將地表上枯萎的部分剪掉。然後以指尖淺淺地鬆土，至翌年7月左右又可以再次採收。

2 追肥①

5月中旬～6月中旬

植株高度20～30cm後進行追肥

植株高度20～30cm後，每株施放一小撮（2～3g）的化學肥料於植株周圍（葉片下方）。追肥後以指尖淺淺地鬆土，讓土壤和肥料充份混合，根部培土後輕壓。

3 追肥②

6月中旬～7月中旬

第1次追肥後約1個月後，進行第2次追肥

前一次施肥後約1個月，每株施放一小撮（2～3g）的化學肥料於植株周圍（葉片下方）。追肥後以指尖淺淺地鬆土，根部進行培土後輕壓。

球芽甘藍

側芽結成球狀的有趣蔬菜

十字花科

Brussels sprouts

和高麗菜同類，採收的球芽
生長在莖上的樣子非常獨特，
所以有「抱子甘藍」的別名。
跟同類的高麗菜比起來，
不但維生素C多出4倍，
對高血壓很有療效的鉀也高出3倍之多，
可說是營養價值很高的蔬菜。

1 定植

8月上旬～9月中旬

本葉發出5～7片後定植幼苗

1

盆栽中央挖出和育苗盆相同大小的植穴，以指尖夾住幼苗根部，在不破壞根缽土的情況下，將本葉5～7片的幼苗自育苗盆取出後植入。

2

定植後，植株根部進行培土並以手輕壓。

3

最後進行給水，使土壤和根部密合。

Point

難易度 普通　**日照** 全日照

- 從播種開始栽培的話，育苗時的溫度管理較為困難，建議從幼苗開始栽種較為簡單。
- 風害抵抗力差，栽種於陽台時要特別注意位置。
- 雖然比高麗菜耐寒，若溫度過高則不易結球。
- 因為栽培期間較長，要注意肥料短缺的問題，務必確實地施肥。

生長適溫 15～20℃

病蟲害 青菜蟲、小菜蛾、夜盜蛾

盆栽大小 大型　25公升以上

栽培時間表

1月	2月	3月	4月	5月	6月	7月	8月	9月	10月	11月	12月
						定植					
		翌年採收							採收		

葉菜類
球芽甘藍

4 摘除下葉①②

① 9月中旬～10月下旬 ② 10月上旬～11月下旬

分成兩次摘除下葉

為促使初次發出的側芽（芽球）結球，請將下方轉成黃色的葉片或老葉摘除4～5片。

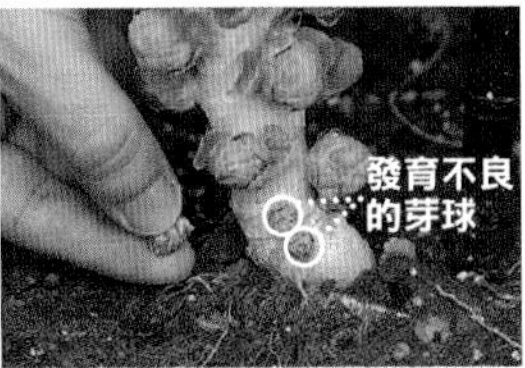

第2次配合下方開始結球的芽球，自下方依序摘除葉片，保留上方約10片不摘除，此外，下方若發現發育不佳的芽球也一併摘除。

5 採收

11月上旬～翌年2月下旬

2～3cm時就是適合採收的時期

芽球大小約2～3cm，重量約10g時就是最適合採收的時期。以手自下方依序扭轉摘下，如果太硬的話，可以剪刀剪下。

2 追肥①②

① 8月下旬～10月上旬 ② 10月上旬～11月中旬

定植後的第2週和第9週進行追肥

定植2週後，每一植株施放一小把（約10g）的化學肥料於植株周圍（葉片下方）。追肥後以指尖淺淺地鬆土，讓土壤和肥料充份混合後輕壓。定植後第9週時，也以同樣方式進行追肥和培土。

3 立支柱

9月中旬～10月下旬

植株成長後必須架立支柱支撐植株

為避免植株倒塌，靠近主莖處架立支柱。

交錯後的繩子綁在支柱上固定。

主莖上環繞繩子後，和支柱間將呈8字交錯（參照第186頁）。

原產於非洲的夏季健康蔬菜

黃麻嬰

田麻科

Jew's marrow

特別容易生長，
屬於不需要花費時間照顧的蔬菜。
不但可以長期採收且營養價值高，
在葉菜類稀少的夏天非常值得推薦。
含有豐富的胡蘿蔔素、維生素、鈣質等，
黏稠的成分對腸胃的黏膜和肝臟有特別的功效。

1 定植

5月上旬～6月下旬

本葉發出5～6片後定植幼苗

1 盆栽裡挖出和育苗盆相同大小的植穴，距離約20～30cm，將本葉5～6片的幼苗自育苗盆取出後植入。

2 取出的幼苗在不破壞根缽土的情況下定植，植株根部覆蓋土壤後以手輕壓。

3 定植後以花灑進行給水，使土壤和根部密合。

Point

難易度 容易　**日当日照** 全日照

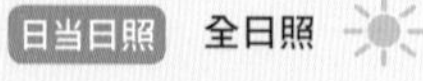

- 從播種開始栽培的話，育苗時的溫度管理較為困難，建議從幼苗開始栽種較為簡單。
- 對暑熱抵抗力強，即時在葉菜類不易生長的夏季也能種植。
- 抵抗力強幾乎不需要擔心蟲害，容易生長。
- 因為種子含有毒性，花開之後就要停止採收。
- 溫度升高生長狀況較佳，植株高度生長快速，透過採收使高度一致。
- 葉片顏色轉淡、呈現疲軟的樣子時，可能是因為水分不足導致過於乾燥，請給予充足的水分。

生育適溫 20～30℃

病蟲害 蚜蟲、葉蟎

盆栽大小 中型以上　16公升以上

解說時
使用中型盆栽

株間距離
20～30cm

栽培時間表

1月	2月	3月	4月	5月	6月	7月	8月	9月	10月	11月	12月
			定植								
					採收						

2 摘芯

5月下旬～7月中旬

植株高度約30～40cm時進行摘芯

植株高度約30～40cm時，為了讓側芽生長，主枝必需進行摘芯。以剪刀自上方約20cm處將主枝剪斷。此時為了讓側芽延伸生長，請自葉片發出的節間處正上方剪下。

3 追肥

5月下旬～10月中旬

定植3週後開始追肥

定植約3週後，視植株生長狀況而定，1個月約追肥1～2回直至採收為止。每一植株施放一小撮（約5g）的化學肥料於植株周圍（葉片下方）。

追肥後以指尖淺淺地鬆土，讓土壤和肥料充份混合。根部進行培土並以手輕壓。土壤減少時要記得添加土壤。

4 採收

7月上旬～11月上旬

植株高度40～50cm時，就是適合採收的時期

植株高度40～50cm時，就是適合採收的時期。為了讓側芽延伸生長，可於葉片前端柔軟處約15cm長的節間上剪斷進行採收。

每隔幾天採收一次，植株高度較容易一致。此外，一旦開始採收後，必須視情況適時進行追肥。

採收至開花為止

容易栽種、營養價值高等，看起來幾乎全是優點。但是，種子卻含有毒性，因此花開之後就必須停止採收。（左方照片為種莢、右方照片為其花朵）

營養豐富且容易栽種的非結球萵苣

皺葉萵苣

菊科

Leaf lettuce

別名也稱為「縮葉萵苣」，
屬於不結球的萵苣種。
栽培時間也很短，屬於容易栽培的蔬菜。
在諸多萵苣品種中，營養價值特別高，
含有胡蘿蔔素、維生素C等豐富的營養素。

1 定植

4月中旬～**5**月中旬(春)　**9**月中旬～**10**月下旬(秋)

間隔30cm定植本葉發出4～5片的幼苗

盆栽裡間距30cm，挖出和育苗盆相同大小的植穴，以手指夾住本葉發出4～5片的幼苗根部，倒反過來在不破壞根缽土的情況下，將幼苗取出。

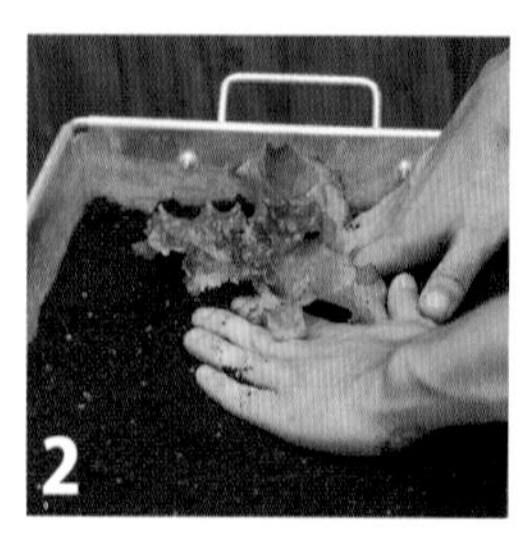

幼苗定植後，植株根部覆蓋土壤以手輕壓。

定植後進行給水，使土壤和根部密合。

Point

難易度 容易　**日照** 全日照

- 從播種開始栽培的話，育苗時的溫度管理較為困難，建議從幼苗開始栽種較為簡單。
- 比起結球萵苣，對暑熱及酷寒的抵抗力強，容易栽培。
- 長時間承受日照，容易造成抽苔現象，所以要特別注意盆栽放置的位置。
- 自外葉依序地採收葉片，可長期享受採收的樂趣。

生長適溫 15～20℃

病 蟲 害 蚜蟲、夜盜蛾

盆栽大小 中型以上　16公升以上

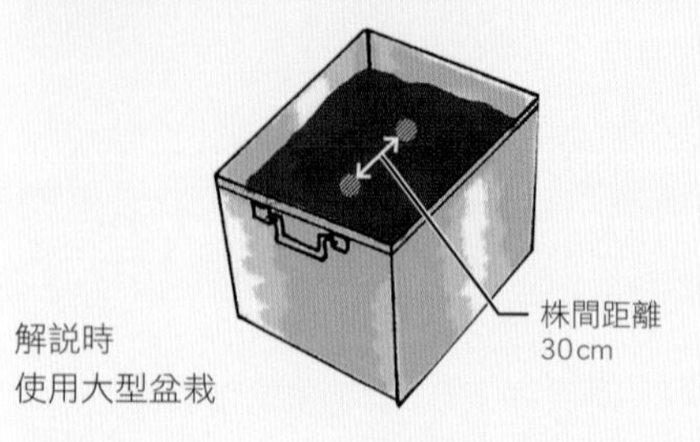

解說時
使用大型盆栽

栽培時間表

1月	2月	3月	4月	5月	6月	7月	8月	9月	10月	11月	12月
		定植（春）					定植（秋）				
			採收（春）					採收（秋）			

4 採收

5月下旬～6月下旬(春) 10月下旬～12月上旬(秋)

大小約25～30cm時即可採收

植株大小約25～30cm時，就是適合採收的時期。為了便於採收，可以手輕壓葉片於一側後，以剪刀剪下。

因為新發的嫩葉會自中心處長出，若不自根部採收，而自外側葉片開始採收，則可以享受長期採收的樂趣。

盆栽栽培 Q&A〔抽苔〕

Q 植株前端不斷延伸生長成像莖一樣的東西是什麼呢？

A 這就是所說的「抽苔」，因氣溫或日照時間過長，導致花莖（不長葉片只開花的莖）不斷延伸生長。因為萵苣類蔬菜很容易因為高溫或長期日照而導致抽苔，所以最好選擇晚抽型（擁有不易抽苔的特性）的品種。抽苔會造成植株生長不良，所以請確實遵守適當的定植（播種）時間。

抽苔的皺葉萵苣

2 追肥①

4月下旬～6月上旬(春) 9月下旬～11月中旬(秋)

第1次追肥在定植之後的2～3週

定植之後的2～3週，每一植株施放一小撮（約5g）的化學肥料於植株周圍（葉片下方）。
追肥後以指尖淺淺地鬆土，讓土壤和肥料充份混合後，根部進行培土輕壓。

3 追肥②

5月上旬～6月中旬(春) 10月上旬～11月下旬(秋)

第1次追肥後2週，進行第2次追肥

定植之後的2～3週，每一植株施放一小撮（約5g）的化學肥料於植株周圍（葉片下方）。追肥處以指尖淺淺地鬆土，讓土壤和肥料充份混合。

結球萵苣

食感佳、受歡迎的沙拉蔬菜

菊科

Lettuce

抗寒性佳，春天和秋天都適合栽種。
比較起來較不易遭受蟲害，
屬於容易栽培的蔬菜。
脆脆的口感非常受歡迎，
含有可以鎮定精神的鈣質
及具有美肌效果的維生素E等營養價值。

1 定植

3月中旬～**4**月中旬(春)　**9**月上旬～**9**月下旬(秋)

定植本葉發出4～5片的幼苗

盆栽裡間隔15～20cm，挖出和育苗盆相同大小的植穴，以手指夾住發出4～5片本葉的幼苗根部，在不破壞根缽土的情況下，將幼苗取出。

幼苗定植後，植株根部覆蓋土壤並以手輕壓。

定植後進行給水，使土壤和根部密合。

Point

難易度 容易　**日照** 全日照 

- 從播種開始栽培的話，育苗時的溫度管理較為困難，建議從幼苗開始栽種較為簡單。
- 長時間接受日照，容易造成抽苔現象（參照第125頁），所以要特別注意盆栽放置的位置。
- 肥料不足會造成結球過小，因此結球前必須進行追肥。
- 葉片顏色轉變可能是因為肥料不足，下方葉片變色是因為氮素不足，葉片前端變色則是因為鉀素不足所引起。

生長適溫 18～23℃

病蟲害 軟腐病、蚜蟲、夜盜蛾

盆栽大小 中型以上　16公升以上

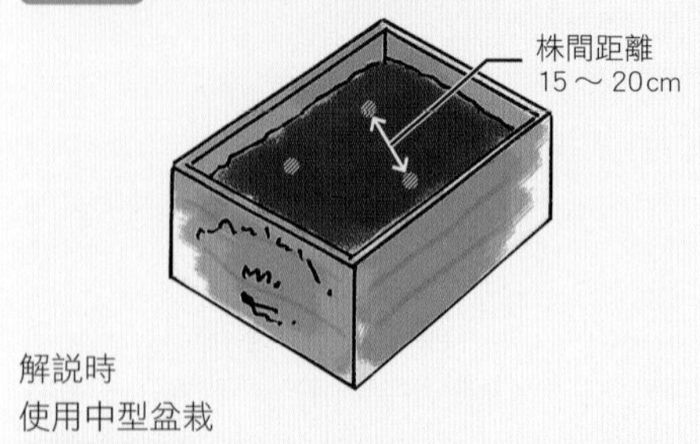

解說時
使用中型盆栽

栽培時間表

1月	2月	3月	4月	5月	6月	7月	8月	9月	10月	11月	12月
	定植（春）	■	■				定植（秋）	■			
			採收（春）	■	■			採收（秋）	■	■	

2 追肥①

4月上旬～5月上旬(春)　9月中旬～10月中旬(秋)

第1次追肥在定植之後的2～3週

1 定植之後的2～3週，每一植株施放一小撮（約2～3g）的化學肥料於植株周圍（葉片下方）。

2 追肥後以指尖淺淺地鬆土，讓土壤和肥料充份混合後根部培土輕壓。

3 追肥②

開始結球後，進行第2次追肥

當外葉往內開始捲起時，進行第2次追肥。每一植株施放一小撮（約2～3g）的化學肥料於葉片下方。追肥處以指尖淺淺地鬆土，讓土壤和肥料充份混合。

4 採收

5月中旬～6月中旬(春)　10月中旬～11月下旬(秋)

感覺結球硬實時，就是適合採收的時期

自上往下壓，若感覺內部結球紮實時，就是適合採收的時期。以手輕壓結球於一側，剪刀較容易深入，自根部剪下即可。

盆栽栽培 Q & A

Q 為什麼萵苣不結球呢？

A 萵苣的葉片過大或過小都可能無法順利結球。為了栽培出適合結球的葉片大小，必須配合適當的溫度，於適宜的時機進行幼苗定植。

未於適當時機進行定植的萵苣，可能會如上方照片般無法結球。

香氣佳、家庭常備的方便調味蔬菜

珠蔥

百合科

Shallot

栽培簡單、可以多次採收，
非常便於利用的蔬菜。
含有豐富的胡蘿蔔素及維生素C等營養。

Point

難易度 容易　**日照** 全日照

- 既不播種也不定植幼苗，而是定植球種。
- 採收時，保留植株根部，可以多次採收。

生育適溫 15～25℃

病蟲害 黃斑病

盆栽大小 小型以上（解說時使用中型盆栽）8公升以上
株間距離10cm

栽培時間表

1月	2月	3月	4月	5月	6月	7月	8月	9月	10月	11月	12月
						定植 ■	■	■			
	翌年採收	■	■	■				採收	■	■	■

1 定植

7月下旬～9月下旬

定植球種

將種球纖細的前端朝上，間隔約10cm，種球前端略微露出地表進行定植。過深或過淺都可能無法順利生長，定植後覆蓋周圍土壤，最後進行給水，使土壤和根部密合。

2 採收

10月上旬～12月上旬
翌年3月中旬～5月上旬

20cm左右大致可以採收

隨時進行給水管理，當植株高度約20cm時就是適合採收的時期。保留3～4cm的植株後以剪刀剪下。

採收後，每一植株施放一小撮（約2～3g）的化學肥料於植株周圍。以指尖淺淺地鬆土，再次成長後即可再次進行採收。

3 再次採收

11月上旬～12月上旬
翌年4月中旬～5月上旬

20cm左右可再次採收

保留的植株會再次發出新芽，當新芽延伸至約20cm時即可再次採收。再次採收後繼續追肥，即可連續數次採收。

第4章

盆栽種菜的方法（根菜類）

常用作醃漬物、適合初學者栽種的蔬菜

蕪菁

十字花科

Turnip

栽種時間短、容易栽培，
而且因為品種多，
可以享受選擇的樂趣。
根部含有維生素C等營養素，
但葉子的營養價值更高，
含有豐富的胡蘿蔔素及維生素等，
對肌膚健康有相當大的幫助。

1 播種

3月下旬～4月下旬(春) 9月上旬～10月中旬(秋)

不重疊地進行條播

間隔15cm，作出深約0.5～1cm的植溝，不重疊地平均播下種子。

播種後覆蓋周圍土壤，並以手掌輕壓。

最後以花灑進行給水，使種子和土壤密合。

Point

難易度 容易　**日照** 全日照

- 因為不易失敗，非常適合初次種菜的初學者。
- 初學者可選擇秋天播種較容易栽培。
- 對寒冷抵抗力強，但對暑熱和乾燥抵抗力弱。
- 過遲採收會造成根裂現象。
- 疏苗過遲會造成根部不易長大，所以要趁早進行疏苗

生長適溫 15～25℃

病蟲害 根瘤病、青菜蟲、蚜蟲、夜盜蛾

盆栽大小 小型以上　8公升以上

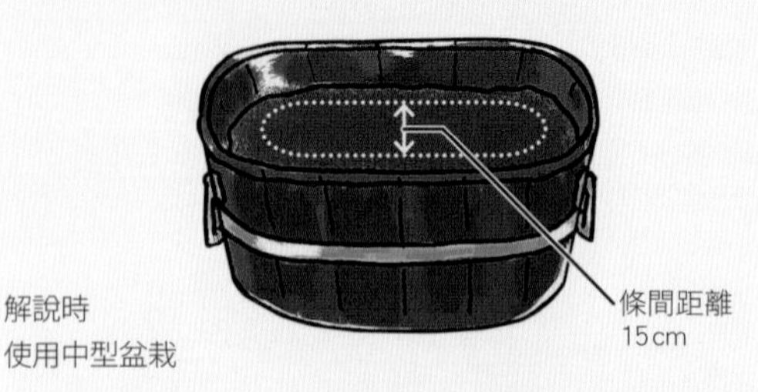

解說時
使用中型盆栽

栽培時間表

註:本書的栽培時間表以「日本地區」為準，請讀者特別注意。

1月	2月	3月	4月	5月	6月	7月	8月	9月	10月	11月	12月
	播種(春)						播種(秋)				
		採收(春)						採收(秋)			

2 疏苗①

4月上旬～5月上旬(春) 9月中旬～10月下旬(秋)

播種2週後進行第1次疏苗

播種之後約2週，拔除生長不良的幼苗，使株間距離為2～3cm。疏苗時以手指壓住根部，為避免傷及保留的植株，可以剪刀進行疏苗。

3 疏苗②・追肥①

4月中旬～5月中旬(春) 9月下旬～11月上旬(秋)

前次疏苗後1～2週，進行第2次疏苗和追肥

前次疏苗後1～2週，將發育不良的幼苗拔除，使株間距離為4～5cm。疏苗時以手指壓住根部，為避免傷及保留的植株，可用剪刀進行疏苗。

疏苗後，整個盆栽施放2小撮（約7～8g）化學肥料於條間。追肥後以指尖淺淺地鬆土，讓肥料和土壤混合，根部進行培土後輕壓。

4 疏苗③・追肥②

4月下旬～5月下旬(春) 10月上旬～11月中旬(秋)

前次疏苗追肥後1～2週，再次進行疏苗和追肥

前次疏苗後1～2週，將發育不良的幼苗拔除，使株間距離為10～12cm。疏苗時以手指壓住根部，為避免傷及保留的植株，可以剪刀進行疏苗。

疏苗後，整個盆栽施放2小撮（約7～8g）化學肥料於條間。追肥後以指尖淺淺地鬆土，讓肥料和土壤混合。

5 採收

5月上旬～6月中旬(春) 10月中旬～12月中旬(秋)

根部直徑5cm以上，就可以採收

露出地表的根部直徑5cm以上時，就是適合採收的時期。以手緊緊地握住根部，筆直地往上拔起，若超過適當採收期，根部會裂開而導致口感降低，要特別注意。

在外國被當作雜草，卻是食物纖維豐富的優良蔬菜

牛蒡（迷你牛蒡）

菊科

Edible burdock

牛蒡原產於中國、歐洲，
現在食用的品種乃從日本引入。
因為迷你種牛蒡的栽培時間並不長，
所以很適合盆栽栽種。
因食物纖維豐富，能夠促進腸胃蠕動，
對於預防動脈硬化和癌症，
也有很好的效果。

1 播種

3月下旬～7月中旬

間隔10～12cm進行點播

間隔10～12cm，以指尖作出深約1cm的植穴，不重疊地分別播下2～3粒種子。

種子上方覆蓋薄土後，以手掌輕壓。

最後進行給水，使種子和土壤密合。

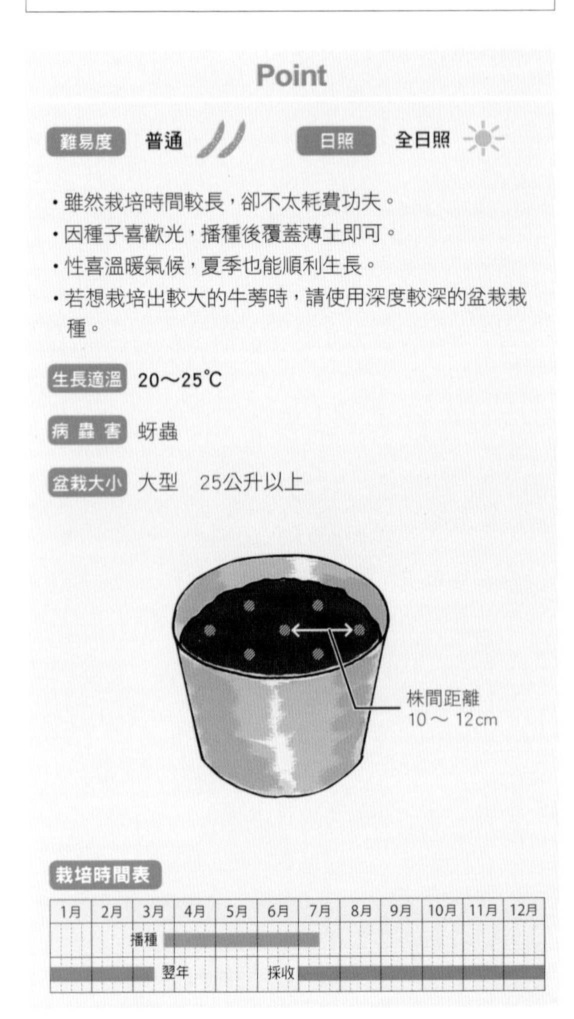

Point

難易度 普通　**日照** 全日照

- 雖然栽培時間較長，卻不太耗費功夫。
- 因種子喜歡光，播種後覆蓋薄土即可。
- 性喜溫暖氣候，夏季也能順利生長。
- 若想栽培出較大的牛蒡時，請使用深度較深的盆栽栽種。

生長適溫 20～25℃

病蟲害 蚜蟲

盆栽大小 大型　25公升以上

栽培時間表

1月	2月	3月	4月	5月	6月	7月	8月	9月	10月	11月	12月
		播種									
		翌年			採收						

2 疏苗①

4月上旬～**7**月下旬

發出雙葉後進行疏苗

雙葉發出後，1處只留下2株幼苗，將其餘發育不良的幼苗拔除。疏苗時，為避免傷及保留苗，先以手指壓住根部後，再進行拔除。疏苗後，為了避免植株倒塌，請於根部進行培土。

3 疏苗②

4月中旬～**8**月中旬

本葉發出2～4片後，進行第2次疏苗

本葉發出2～4片後，將生長不良的幼苗拔除，1處只留下1株健苗即可。疏苗時，為避免傷及保留苗，先以手指壓住根部後，再進行拔除。

4 追肥①②

① **5**月上旬～**9**月上旬　② **5**月中旬～**9**月中旬

疏苗2週和4週後，進行追肥

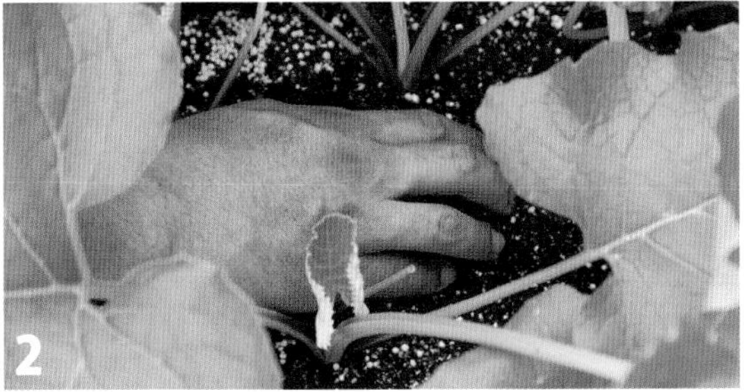

第2次疏苗2週和4週後，整體施放一小撮（約2～3g）的化學肥料於植株周圍（葉片下方）。追肥後，以指尖淺淺地鬆土，根部培土後輕壓。

5 採收

7月上旬～翌年**3**月中旬

播種之後約3個月即可採收

播種後約3個月，以手緊緊握住植株根部，筆直向上拔起即可。

馬鈴薯

茄科

採收時的感動程度也是蔬菜中最高的喔！

Potato

因為不花費功夫，
也是盆栽栽培最受歡迎的蔬菜。
一直到採收為止，
都不知道其在土裡生長的模樣，
所以採收時，特別能夠感受內心的興奮感。
維生素豐富，尤其是能夠預防各種疾病的
維生素C更是豐富。

1 定植前準備

2 月下旬～ 3 月中旬(春) 8 月下旬～9 月上旬(秋)

準備定植的種薯

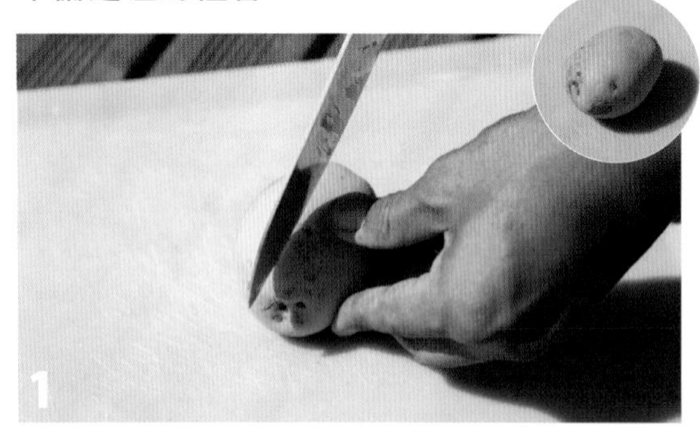

1

準備市售的種薯（食用者不適合）。大小約30～40g者可以直接種下，但若超過此大小，則切成每塊約30～40g，切下的薯塊上平均分佈芽眼。

2

若切口潮濕就直接種下，非常容易腐爛，必須先放置半日左右使其乾燥。

Point

難易度 容易　**日照** 全日照

- 照顧上不花費功夫，容易栽種。
- 想要順利栽培，必須選擇良好的種薯。
- 馬鈴薯若轉成綠色，是因為陽光照射的關係。因為馬鈴薯是一層層地往上結薯，因此追肥時，根部必須進行培土，陽光照射後轉成綠色的馬鈴薯不可食用。

生長適溫 15～20℃

病蟲害 葉斑病毒、蚜蟲

盆栽大小 大型　25公升以上

栽培時間表

1月	2月	3月	4月	5月	6月	7月	8月	9月	10月	11月	12月
定植（春）		■				定植（秋）		■			
			採收（春）		■					採收（秋）	■

2 定植

2月下旬～3月中旬(春) 8月下旬～9月上旬(秋)

將準備好的種薯進行定植

種薯的切口朝下，定植於距離盆栽邊緣約12cm～15cm的中央處，覆蓋7～10cm的土壤後輕壓，最後進行給水。

3 摘芽

4月中旬～4月下旬(春) 9月中旬～9月下旬(秋)

發芽10～15cm時進行摘芽

若讓所有發出的芽持續生長，所結出的馬鈴薯體積瘦小，因此當發出的芽生長至10～15cm時，留下生長良好的2株幼苗，拔除生長不佳的幼苗。摘芽時，為了不傷及種薯，請壓住芽周圍後再拔除，或以剪刀剪下。

4 追肥①②・補土

① 4月中旬～4月下旬(春) 9月中旬～9月下旬(秋)
② 4月下旬～5月中旬(春) 9月下旬～10月中旬(秋)

摘芽後約2～3週，進行追肥

摘芽後約2～3週，每一植株施放一小把(約10g)的化學肥料於植株周圍(葉片下方)。追肥處以指尖淺淺地鬆土，讓土壤和肥料充份混合。為了避免薯子露出地表之上，必須於植株根部進行培土。第2次追肥後，為了不讓薯子露出地表，補充土壤培土後輕壓。

5 採收

5月下旬～6月下旬(春) 11月下旬～12月上旬(秋)

葉片枯萎後即可採收

葉片轉黃枯萎後，就是採收的最佳時機。
雙手緊緊握住露出地表上的根部處，筆直地往上拔起即可採收。

薑
薑科

具有獨特香氣、能作為各種調味的珍寶

Ginger

使用前一年採收或市售的種薑，
來進行培育。
雖然栽培期間較長，
但是就算在日照不良的陰暗處，
也能順利栽培。
具有提升體溫、增進食慾、除腥味、
抗菌等各種效果，
是非常適合用作於調味的蔬菜。

1 定植

4月下旬～**5**月中旬

間隔10～12cm進行定植

間隔10～12cm作出深約2～3cm的植穴，發芽的一面朝上，覆蓋土壤後掩埋。

掩埋後覆蓋周圍的土壤並以手輕壓。

最後進行給水讓土壤和種子密合。

Point

難易度 普通　**日照** 全日照～半日陰

- 選擇沒有傷痕的種薑栽培。
- 因性喜高溫，待溫度回升後再行定植。
- 就算在日照不良的陰暗處，也能順利栽培
- 對乾燥抵抗力弱，要隨時注意土壤的狀況，避免過於乾燥。
- 生長中途可以採收嫩薑。

生長適溫 25～30℃

病蟲害 幾乎無需擔心病蟲害

盆栽大小 中型以上　16公升以上

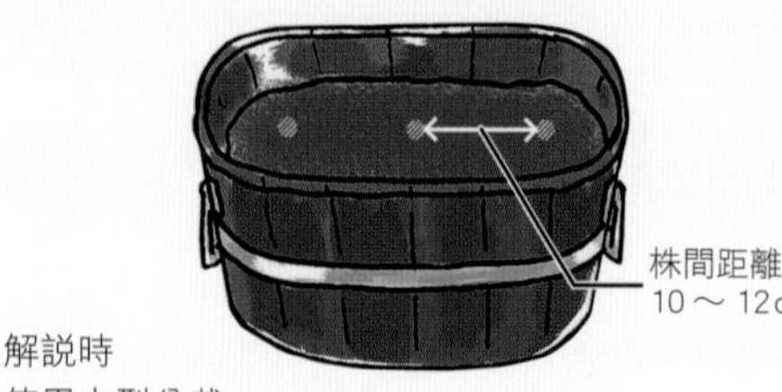

解說時
使用中型盆栽

栽培時間表

1月	2月	3月	4月	5月	6月	7月	8月	9月	10月	11月	12月
			定植	■							
						採收嫩薑	■	採收根薑	■		

2 追肥①

6月上旬～6月下旬

定植後約6～7週，進行第1次追肥

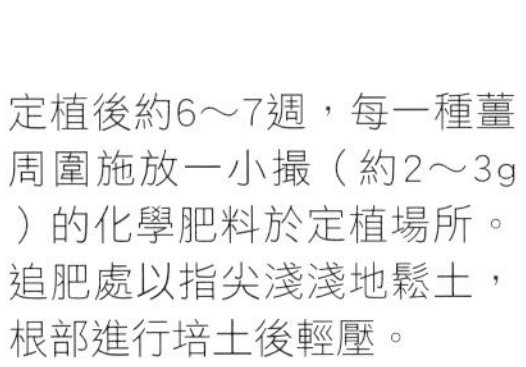

定植後約6～7週，每一種薑周圍施放一小撮（約2～3g）的化學肥料於定植場所。追肥處以指尖淺淺地鬆土，根部進行培土後輕壓。

3 採收嫩薑

7月下旬～8月中旬

葉片發出7～8片時即可採收嫩薑

葉片發出約7～8片，根部略微長大時，就是採收嫩薑的最佳時機。嫩薑又名「谷中薑」，將嫩根連同葉片一起採收

一手緊緊握住植株，另一手自植株根部拔起即可。若想要採收根薑，可保留數株，不必全數採收。

4 追肥②

8月上旬～8月中旬

植株高度30～40cm時，進行第2次追肥

植株高度至30～40cm時，定植處分別施放一小撮（約2～3g）的化學肥料。追肥後以指尖淺淺地鬆土，使肥料和土壤混合，根部進行培土後輕壓。

5 採收根薑

10月下旬～11月上旬

下霜之前採收根薑

根部十足肥大的薑，必須在下霜之前進行採收。雙手握住突出於地表的植株莖部，筆直地往上拔起即可。

向來為人所熟知，品種豐富也是其魅力之一

白蘿蔔（迷你白蘿蔔）

十字花科

Japanese radish

不需耗費太多時間也能栽種的蔬菜。
雖然有練馬、聖護院等眾多品種，
但還是要選擇適合盆栽栽培的品種。
根部含有豐富的維生素C。
葉片除了維生素C之外，
還含有豐富的胡蘿蔔素、食物纖維，
屬於營養價值高的綠黃色蔬菜。

1 播種

4月上旬～4月下旬(春)　8月下旬～9月上旬(秋)

間隔10～15cm以點播各播下4～5粒種子

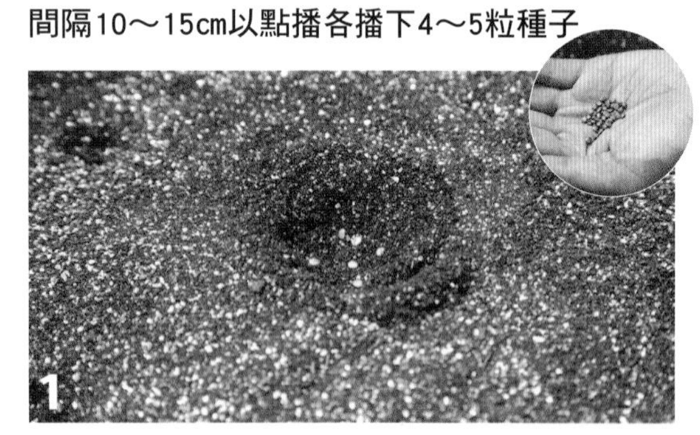

間隔10～15cm，作出深約0.5～1cm的植穴，不重疊地分別播下4～5粒種子。

播種後覆蓋周圍土壤，並以手掌輕壓。

最後以花灑進行給水，使種子和土壤密合。

Point

難易度 容易　　**日照** 全日照

- 抗寒性強，不易受土壤性質的影響，栽種容易。
- 秋播較不需擔心病蟲害。
- 春播時若過早播種，容易產生抽苔現象（參照第125頁）。
- 土壤中的石頭等異物，是造成根部變形的原因，務必於事前去除。

生長適溫 16～20℃

病蟲害 軟腐病、葉斑病毒、青菜蟲、蚜蟲、切根蟲

盆栽大小 大型　25公升以上

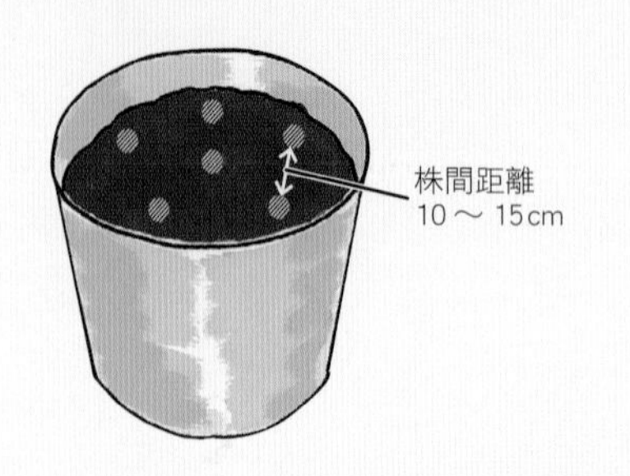

栽培時間表

1月	2月	3月	4月	5月	6月	7月	8月	9月	10月	11月	12月
	播種(春)		■			播種(秋)		■			
				採收(春)	■			採收(秋)		■	

2 疏苗①

4月下旬～5月中旬(春)　9月中旬～9月下旬(秋)

播種2週後進行第1次疏苗

播種之後約2週，1處只留2株健苗，其餘不良幼苗請拔除。疏苗時以手指壓住根部，避免傷及留下的植株。

3 疏苗②

5月上旬～5月下旬(春)　9月下旬～10月上旬(秋)

前次疏苗後1～2週，進行第2次疏苗

前次疏苗後1～2週，將1株發育不良的幼苗拔除，僅留下1株健苗即可。疏苗時以手指壓住根部，避免傷及留下的植株。

4 追肥①②

① 4月下旬～5月中旬(春)　9月中旬～9月下旬(秋)

② 5月上旬～5月下旬(春)　9月下旬～10月上旬(秋)

每次疏苗後必須進行追肥

每次疏苗後，請施放一小撮（約2～3g）化學肥料。追肥後以指尖淺淺地鬆土，讓肥料和土壤混合，根部培土後輕壓。

5 採收

6月中旬～6月下旬(春)　10月下旬～11月中旬(秋)

根部凸出於地表約10cm時，就可以採收

根部凸出於地表約10cm時，就是適合採收的時期。

以手緊緊地握住突出於地表的根部，筆直地往上拔起。若超過適合採收期，根部中心會呈現空洞狀，導致口感降低，要特別注意。

眾人所熟知的綠黃色蔬菜，胡蘿蔔素豐富

胡蘿蔔

繖形科

Carrot

因為栽培時間較長，難度也稍微提高。
因含有增強免疫力的胡蘿蔔素，
維生素C和礦物質含量也相當高，
可說是營養價值很高的蔬菜。
品種也相當豐富，
若以盆栽栽種，
在此推薦甜味較強的迷你胡蘿蔔。

1 播種

3月中旬～4月中旬（春） 7月上旬～8月上旬（夏）

間隔7～8cm以點播各播下3～4粒種子

間隔7～8cm，作出深約1cm的植穴，不重疊地1處約播下3～4粒種子。

播種後覆蓋薄土，並以手掌輕壓。

最後進行給水，使種子和土壤密合。

Point

難易度 普通　日照 全日照

- 播種後僅需覆蓋薄土。
- 若產生根裂現象可能是因為過遲採收所引起。
- 抗寒性強，但抗暑性弱，容易產生疾病。
- 建議夏季播種較容易栽培。

生長適溫 15～20℃

病蟲害 白斑病、葉斑病毒、青菜蟲、蚜蟲、蝶類幼蟲

盆栽大小 小型以上　8公升以上

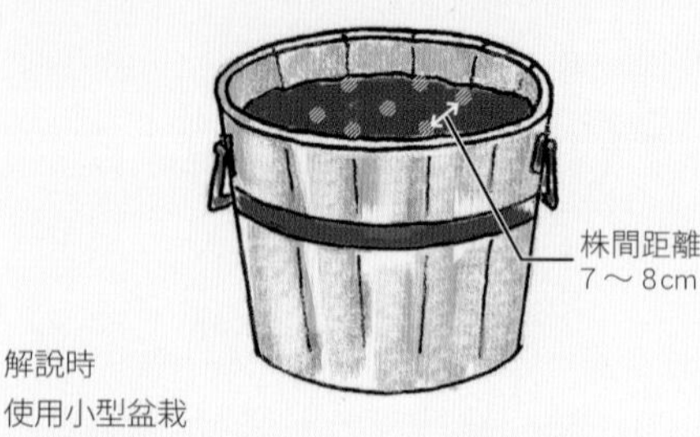

解說時
使用小型盆栽

栽培時間表

1月	2月	3月	4月	5月	6月	7月	8月	9月	10月	11月	12月
	播種（春）	■			播種（夏）	■					
					採收（春）	■	■	採收（夏）	■	■	

4 追肥

5月上旬～5月下旬(春) 8月中旬～9月中旬(夏)

第2次疏苗後進行追肥

第2次疏苗後，整個盆栽施放一小撮（約5g）化學肥料於植株周圍。

追肥後以指尖淺淺地鬆土，讓肥料和土壤混合，根部進行培土後輕壓。

5 採收

7月上旬～8月下旬(春) 10月下旬～12月中旬(夏)

根頂處露出直徑4～5cm時，就可以採收

根頂處露出直徑4～5cm時，以手緊緊地握住靠近根部處的葉片，筆直地往上拔起即可。若超過適合採收期，根部會呈現分裂狀態，導致口感降低，務必要特別注意。

2 疏苗①

4月上旬～5月上旬(春) 7月下旬～8月下旬(夏)

本葉發出1～2片後進行第1次疏苗

本葉發出1～2片後，1處只留2株健苗即可，將其餘不良幼苗拔出。疏苗時以手指壓住根部，避免傷及留下的植株，為避免植株倒塌，根部進行培土後輕壓。

3 疏苗②

5月上旬～5月下旬(春) 8月中旬～9月中旬(夏)

本葉發出5～6片時，進行第2次疏苗

本葉發出5～6片時，將1株發育不良的幼苗拔除，僅留下1株健苗即可。疏苗時以手指壓住根部，避免傷及留下的植株。

櫻桃蘿蔔

和白蘿蔔同類，是初次種菜者最適合的蔬菜

十字花科

Radish

正如同其日本名「20日蘿蔔」一樣，
約30天左右即可採收，
可說是初次進行盆栽栽種者，
品嚐種菜樂趣最適合的蔬菜。

Point

難易度 容易　**日照** 全日照

- 栽培期間短，容易栽種。
- 若過遲採收會產生根裂現象。
- 若想採收形狀佳的蘿蔔，必須預留適當的株間距離。

生長適溫 16～20℃

病蟲害 青菜蟲、蚜蟲、切根蟲

盆栽大小 小型以上（解說時使用小型盆栽）8公升以上
條間距離5～7cm

栽培時間表

1月	2月	3月	4月	5月	6月	7月	8月	9月	10月	11月	12月
	播種（春）	■	■	■		播種（秋）		■	■		
		採收（春）	■	■	■		採收（秋）		■	■	■

1 播種

3月下旬～5月下旬（春）
9月上旬～10月下旬（秋）

間隔5～7cm進行條播

間隔5～7cm，作出深約0.5～1cm的植溝，不重疊地平均播下種子。播種後覆蓋周圍土壤，並以手掌輕壓。最後進行給水，使種子和土壤密合。

2 疏苗・追肥

4月上旬～6月中旬（春）
9月中旬～11月中旬（秋）

播種後約2週，進行疏苗和追肥

播種後約2週，將發育不良的幼苗拔除，使株間距離為3～4cm。疏苗後，整個盆栽施放一小撮（約5g）化學肥料於條間。追肥後以指尖淺淺地鬆土，讓肥料和土壤混合，根部進行培土後輕壓。

3 採收

4月下旬～6月下旬（春）
10月上旬～12月中旬（秋）

根部直徑2～3cm時，就是適合採收的時期

根部直徑2～3cm時，會自土裡隆起，以手握住植株根部的葉片，筆直地往上拔起即可。若超過適合採收期，會造成根裂現象，要特別注意（左下方照片）。

第5章

盆栽種菜的方法
（香菜類）

義大利香芹

香氣溫和無嗆味，用途也非常廣泛

繖形科

Italian parsley

屬於芹菜類，葉片平整滑順為其特徵，
產於地中海沿岸的香菜。
容易生長，不需耗費時間，可以長期享
受採收的樂趣。
胡蘿蔔素和維生素C等含量豐富，
比起一般的芹菜，氣味較溫和，
常用於作湯及生菜沙拉。

1 播種

3月上旬～**5**月上旬

間隔7～9cm進行點播

間隔7～9cm作出深約1cm的植穴，分別播下2～3粒種子。

2 播種後種子覆蓋薄土，以手掌自上方輕壓即可。

3 最後以花灑進行給水，使土壤和種子密合。

Point

難易度 容易　**日照** 全日照～半日陰

- 不需耗費功夫，即能順利生長。
- 性不喜乾燥，為避免過於乾燥，請隨時留意土壤的狀態。
- 自外葉開始採收時，視生長狀況而定，1個月約進行1～2次追肥。
- 對強烈日照抵抗力弱，夏季時請放置於半日照處，或以竹簾遮蔽減弱日光。

生長適溫 15～20℃

病蟲害 蚜蟲、蝶類的幼蟲

盆栽大小 小型以上 8公升以上

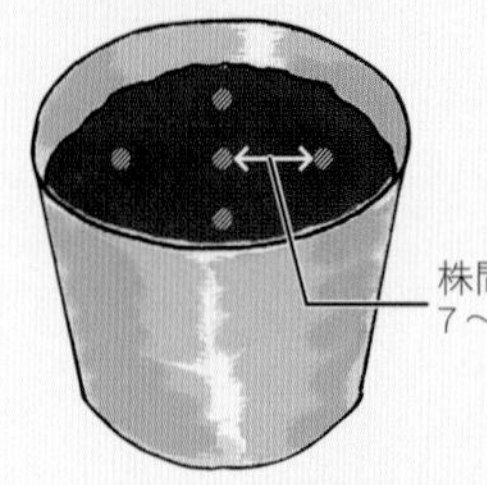

解說時
使用小型盆栽

栽培時間表

註:本書的栽培時間表以「日本地區」為準，請讀者特別注意。

	1月	2月	3月	4月	5月	6月	7月	8月	9月	10月	11月	12月
播種			■	■	■							
採收						■	■	■	■	■	■	

4 再次採收

7月中旬～11月下旬

本葉再次發出12～13片時即可再次採收

本葉再次發出12～13片時，可以同樣的方式自植株根部剪下採收，或如照片所示，視生長狀況自外葉開始進行採收。自根部採收時，若想要再次採收，只要同樣進行追肥，就可以連續數次採收。

盆栽栽種 Q & A〔蝶類的幼蟲〕

Q 採收前會被蟲吃光嗎？

A 義大利香菜等繖形科植物，通常較容易招致的蟲害是蝶類的幼蟲。成長之後的幼蟲（左方照片）體積較大，就算只有一隻，造成的傷害也不容忽視。儘可能在其尚為幼蟲（右方照片）時，就捕捉撲滅。此外為了避免讓成蟲產卵，覆蓋寒冷紗也具有相當的效果。

2 採收

6月中旬～11月下旬

本葉發出12～13片以上，大致就可以採收

本葉發出12～13片以上時，大致就是適合採收的時期。想要1次完成採收時，可於子葉（雙葉）上2～3cm處，以剪刀剪下即可。若使用量不大，可自外葉開始，只採收所需的量，如此即可長期享受採收的樂趣。若想要再次採收，請於採收後進行追肥。

3 追肥

6月中旬～10月下旬

採收後進行追肥，促使植株再生

為了再次採收，採收後對留下的植株施放一小撮（2～3g）的化學肥料於植株之間。若自外葉開始採收時，可視生長狀況而定，1個月約進行1～2次相同份量的追肥。

追肥後以指尖淺淺地鬆土，讓土壤和肥料混合後輕壓。

獨特的香氣為主要特徵，令人上癮。

芫荽

繖形科

Coriander

在泰國被稱為「帕谷奇」，
是地方傳統料理中不可欠缺的香菜。
因為栽種時不需要太大的空間，
非常適合小盆栽栽種。
平日隨意栽種些，遇作菜需要提味時，
非常方便。
容易栽種，可以長期享受採收的樂趣。

1 播種

3月下旬～**5**月上旬

間隔7～9cm進行點播

間隔7～9cm以指尖作出深約1cm的植穴，不重疊地分別播下2～3粒種子。

播種後種子覆蓋薄土，以手掌輕壓使種子和土壤密合。

最後以花灑進行給水。

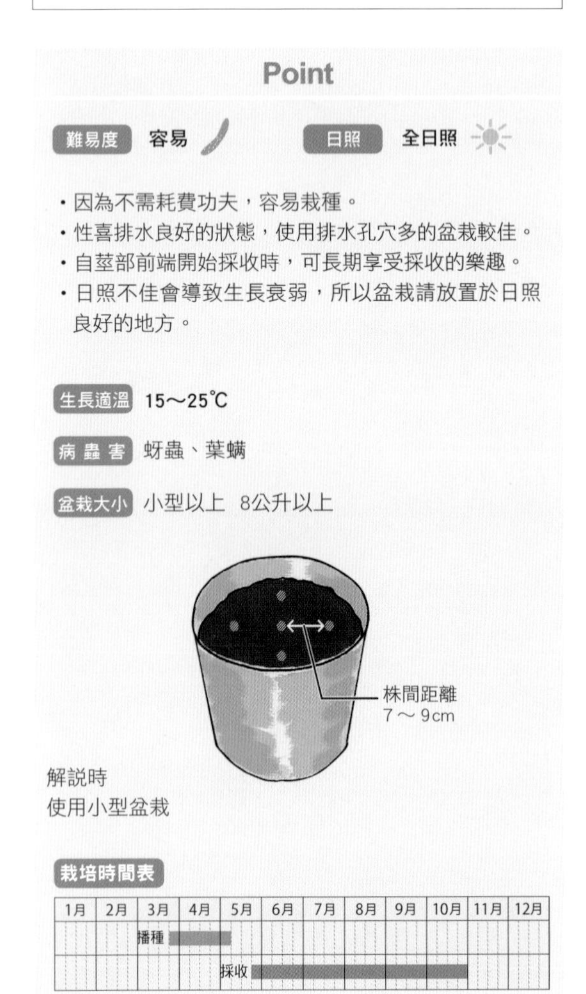

Point

難易度 容易　　日照 全日照

・因為不需耗費功夫，容易栽種。
・性喜排水良好的狀態，使用排水孔穴多的盆栽較佳。
・自莖部前端開始採收時，可長期享受採收的樂趣。
・日照不佳會導致生長衰弱，所以盆栽請放置於日照良好的地方。

生長適溫 15～25℃

病蟲害 蚜蟲、葉螨

盆栽大小 小型以上 8公升以上

解說時
使用小型盆栽

栽培時間表

1月	2月	3月	4月	5月	6月	7月	8月	9月	10月	11月	12月
		播種									
				採收							

2 採收

5月下旬～10月下旬

播種後約7週，就可以採收了

播種後約7週，就是適合採收的時期。想要1次完成採收時，可於子葉（雙葉）上2～3cm處，以剪刀整株剪下。若使用量不多，可採收莖部前端處，只採收所需的量，如此即可長期享受採收的樂趣。若想要再次採收，請於採收後進行追肥。

3 追肥

5月下旬～9月下旬

採收後必須進行追肥

為了下次繼續採收，對留下的植株施放一小撮（2～3g）的化學肥料於植株周圍。若自莖部前端開始採收，可視生長狀況而定，1個月約進行1～2次相同份量的追肥。

追肥後以指尖淺淺地鬆土，讓土壤和肥料混合後，根部進行培土。

4 再次採收

6月下旬～10月下旬

前次採收後約3～4週，即可再次採收

前次採收後約3～4週，可以再次採收。以同樣的方式自植株根部剪下，或自莖部前端開始進行採收。若想要再次採收，同樣進行追肥即可。

為了防止病害及保持通風，隨時拔除枯黃受傷的葉子。

5 採收種子

10月中旬～11月上旬

秋天後，以手指捏住花朵枯萎的部分，藉由手指間相互搓揉，即可採收下種子。採收種子時，事先在地面鋪一層紙類的東西較為方便，採收後的種子乾燥後，可作為翌年播種用。

古來即常用作於預防各種疾病的香菜

鼠尾草

紫蘇科

Sage

自古以來常作為藥物或辛香料使用，
原產於地中海沿岸的香草植物。
栽種容易，性喜日照良好的場所。
不只用來消除料理中肉類的腥味，
聽說還具有防腐和安定精神的效果。

1 播種

3月上旬～**4**月下旬

間隔10～12cm進行點播

間隔10～12cm以指尖作出深約1cm的植穴，不重疊地分別播下2～3粒種子。

播種後其上覆蓋土壤至看不見種子的程度即可，以手掌輕壓使種子和土壤密合。

最後以花灑進行給水。

Point

難易度 容易　**日照** 全日照

- 葉片生長茂盛，不需花費時間即可栽種。
- 性喜日照、通風良好的場所。
- 乾燥後的葉片，可用作香草茶。
- 生鮮食用時，可採收前端的嫩葉。

生長適溫 15～20℃

病蟲害 幾乎不需擔心病蟲害

盆栽大小 小型以上　8公升以上

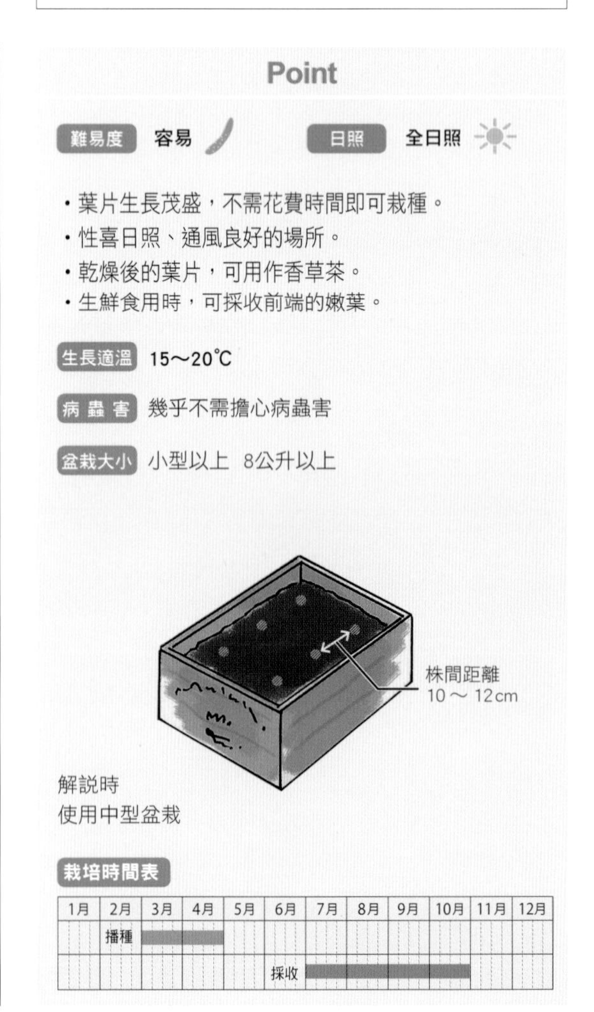

解說時
使用中型盆栽

栽培時間表

	1月	2月	3月	4月	5月	6月	7月	8月	9月	10月	11月	12月
播種			■	■								
採收							■	■	■	■		

2 追肥①

5月上旬～8月中旬

播種2個月後開始進行追肥

播種2個月後直至採收為止的這段期間，可視生長狀況，1個月約進行1～2次追肥。播種處施放一小撮（2～3g）的化學肥料於植株周圍。施肥處以指尖淺淺地進行鬆土，根部培土後輕壓。

3 採收

7月上旬～10月下旬

植株高度25～30cm時即可採收

植株高度25～30cm時，只採收前端嫩葉。
若想待其乾燥後才使用，請於開花前自根部10cm處剪下採收。

4 追肥②

7月上旬～10月上旬

採收後進行追肥促使生長

若想再次採收時，採收後於播種處約施放一小撮（2～3g）的化學肥料於植株周圍。追肥後以指尖淺淺地鬆土，讓肥料和土壤混合，最後根部進行培土後輕壓。

5 再次採收

8月上旬～10月下旬

再次生長至25～30cm時即可再次採收

植株高度再次生長至25～30cm時即可再次採收。採收後若進行追肥，即可連續多次採收，享受長期採收的樂趣。

常用於消除魚、肉類腥臭味的香菜

百里香

紫蘇科

Thyme

具有濃郁的香氣，
加熱後味道依然美味為其主要特徵。
常用於肉類、魚類、醋漬等各種料理，
以及作為香草茶等，
原產於地中海沿岸的香草植物。
種一次即可連續採收數年，幾乎不需要擔心病蟲害，
對於栽種場所也不挑剔，非常適合盆栽栽種。

1 播種

3月中旬～**5**月上旬

間隔7～9cm進行點播

1

間隔7～9cm以指尖作出深約1cm的植穴，不重疊地分別播下2～3粒種子。

2

播種後其上覆蓋周圍土壤至看不見種子的程度，以手掌輕壓使種子和土壤密合。

3

最後以花灑進行給水，使種子和土壤密合。

Point

難易度 容易　**日照** 全日照 

- 幾乎不需擔心病蟲害，非常容易栽種。
- 請栽種於日照良好的場所。
- 梅雨等潮濕季節，可將葉片減少或減少植株數量，保持通風良好。
- 性喜排水狀況良好的土壤，最好使用排水孔較多的盆栽。

生長適溫 15～20℃

病蟲害 幾乎不需擔心病蟲害

盆栽大小 小型以上　8公升以上

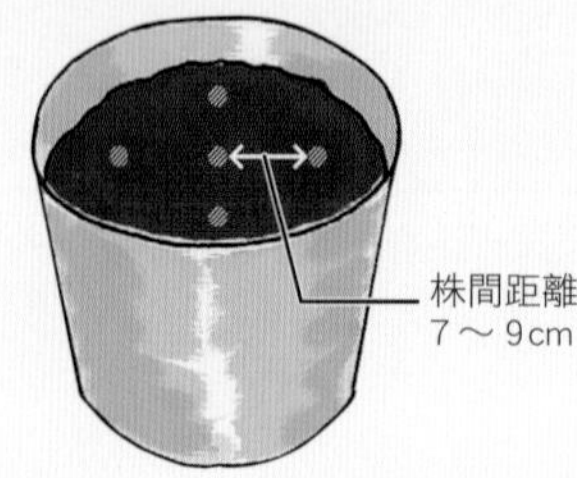

解說時
使用小型盆栽

栽培時間表

	1月	2月	3月	4月	5月	6月	7月	8月	9月	10月	11月	12月
播種			■	■								
採收					■	■	■	■	■	■		

2 摘芯

4月下旬～6月中旬

播種4～5週後進行摘芯

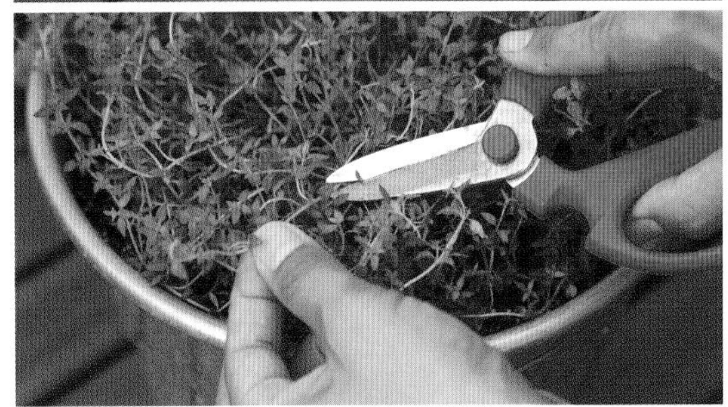

播種4～5週後，為了讓側芽延伸生長，將莖部前端約5cm的嫩葉剪下摘芯，順便當作採收。

3 追肥

4月下旬～6月中旬

摘芯後進行追肥

摘芯後於播種處施放一小撮（2～3g）化學肥料於植株周圍。

追肥後以指尖淺淺地鬆土，讓肥料和土壤混合，根部進行培土後輕壓。

4 開始採收

5月中旬～6月下旬

植株高度20cm以上，即可開始採收

植株高度20cm開始至成株之前，可自莖部前端約5cm處剪下採收。採收後播種處約施放一小撮（2～3g）的化學肥料於植株周圍。以指尖淺淺地鬆土，讓肥料和土壤混合，根部進行培土後輕壓。

5 採收

6月上旬～11月中旬

再次生長至20cm時可再次採收

植株莖部再次生長至20cm後，可以只採收莖部前端必要的份量。為了處理茂密的枝葉或梅雨潮溼時期欲維持良好的通風狀態時，最好自根部剪下數支植株進行減株。想要翌年繼續採收時，入冬就必須停止採收，待翌年的春天再開始繼續採收。

法國料理中不可缺少的優雅香氣

細葉芹

繖形科

Chervil

常用於生菜沙拉或軟煎蛋捲，
是法國料理中，
增添優雅香甜氣味不可欠缺的香菜，
含有胡蘿蔔素及維生素C，容易栽種。
性喜明亮的半日蔭場所，
可利用陽台日照較為不佳的空間。

1 播種

3月上旬～4月下旬(春)　9月上旬～10月下旬(秋)

間隔7～9cm以進行點播

間隔7～9cm，作出深約1cm的植穴，不重疊地分別播下２～３粒種子。

進行給水，使種子和土壤密合。

播種後覆蓋周圍土壤，以手掌輕壓。

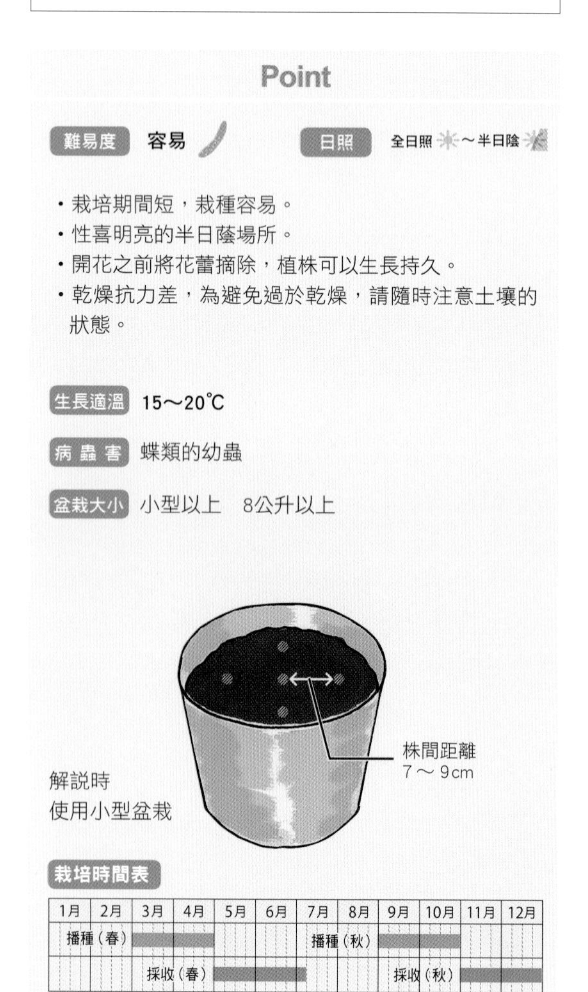

Point

難易度　容易　　日照　全日照～半日陰

- 栽培期間短，栽種容易。
- 性喜明亮的半日蔭場所。
- 開花之前將花蕾摘除，植株可以生長持久。
- 乾燥抗力差，為避免過於乾燥，請隨時注意土壤的狀態。

生長適溫　15～20℃

病蟲害　蝶類的幼蟲

盆栽大小　小型以上　8公升以上

解說時
使用小型盆栽

栽培時間表

1月	2月	3月	4月	5月	6月	7月	8月	9月	10月	11月	12月
播種（春）						播種（秋）					
		採收（春）						採收（秋）			

2 疏苗

3月下旬～5月中旬(春)　9月下旬～11月中旬(秋)

播種3～4週後進行疏苗

播種3～4週後，1處只留2株健苗，而將其餘外形不佳或生長不良的幼苗拔除。為避免植株倒塌，根部進行培土後輕壓。

3 採收

5月上旬～7月上旬(春)　11月上旬～12月下旬(秋)

播種8週後，就可以採收

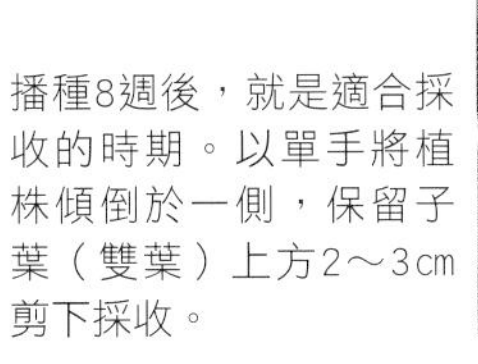

播種8週後，就是適合採收的時期。以單手將植株傾倒於一側，保留子葉（雙葉）上方2～3cm剪下採收。

4 追肥

5月上旬～6月中旬(春)　11月上旬～12月上旬(秋)

採收後為了促使植株再生而進行追肥

1 採收後，於播種處施放一小撮(約2～3g)化學肥料於植株周圍。

2 追肥後以指尖淺淺地鬆土，讓肥料和土壤混合，根部培土後以手掌自上輕壓。

5 再次採收

5月下旬～7月上旬(春)　11月下旬～12月下旬(秋)

前次採收後約3～4週，即可再次採收

前次採收後約3～4週，留下子葉（雙葉）上方2～3cm後，再次進行採收。採收後進行追肥，即可以持續採收。

最適合搭配海鮮類的溫和香菜

蒔蘿

繖形科

Dill

原產於地中海沿岸，
大多用於西式鹹菜或醋漬魚類等
海鮮料理的香菜。
種植在盆栽裡較容易栽培。
作為香草茶時，聽說具有安眠的效果。
喜好魚類料理以及想要一夜好眠的人，
不妨試試看吧！

1 播種

3月上旬～6月上旬

間隔15cm進行點播

1 間隔15cm，作出深約1cm的植穴，不重疊地分別播下2～3粒種子。

2 播種後覆蓋薄土，以手掌輕壓使種子和土壤密合。

3 以花灑給水。

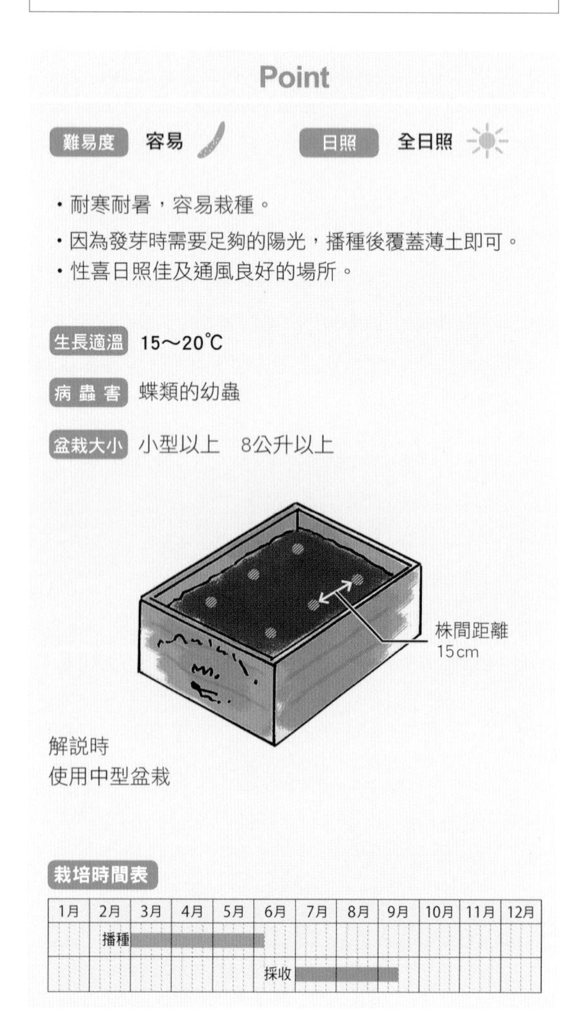

Point

難易度 容易　　日照 全日照

- 耐寒耐暑，容易栽種。
- 因為發芽時需要足夠的陽光，播種後覆蓋薄土即可。
- 性喜日照佳及通風良好的場所。

生長適溫 15～20℃

病蟲害 蝶類的幼蟲

盆栽大小 小型以上　8公升以上

解說時
使用中型盆栽

栽培時間表

1月	2月	3月	4月	5月	6月	7月	8月	9月	10月	11月	12月
	播種	■	■	■							
					採收	■	■	■			

2 疏苗

3月下旬～6月下旬

播種2～3週後進行疏苗

播種2～3週後，1處只留2株健苗即可，將其餘外形不佳或生長不良的幼苗拔除。疏苗時，為避免傷及其他植株，請以手指壓住根部後再行拔除。

3 追肥

3月下旬～8月中旬

疏苗後開始進行追肥

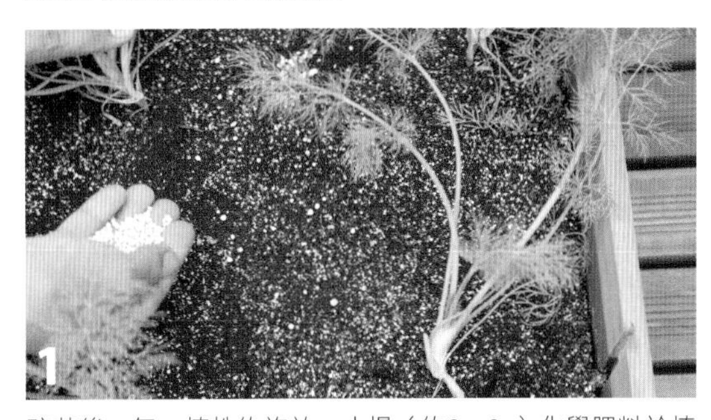

疏苗後，每一植株約施放一小撮（約2～3g）化學肥料於植株周圍。之後視生長狀況約1個月進行1次追肥。

追肥後以指尖淺淺地鬆土，讓肥料和土壤混合，根部進行培土後以手掌自上輕壓。

4 採收

7月上旬～9月中旬

7月後就是適合採收期

7月後，就是適合採收的時期。以手摘下前端嫩葉，可以只採收所需的分量，也可以以剪刀進行採收。

5 採收種子

9月中旬～11月下旬

花朵枯萎後即可採收種子

秋天花朵枯萎後，以手指捏住花朵後相互搓揉，即可採收下種子。採收種子時，以紙類或手掌作為輔助，種子較不易掉落地上。

羅勒

義式料理中最熟悉的味道，非常適合陽台栽培的蔬菜

紫蘇科

Basil

義大利料理中不可欠缺的香菜，
獨特的香氣不只用於料理中，
栽種於陽台上，當身心疲倦時，
傳來的香氣
足以讓人精神放鬆、心情愉快。
除了胡蘿蔔素和維生素E之外，
還有豐富的礦物質。
聽說香氣具有增進食慾
以及提高集中力的效果。

1 播種

4月上旬～**5**月下旬

間隔10cm進行點播

間隔10cm，以指間作出深約1cm的植穴，不重疊地分別播下2～3粒種子。

播種後覆蓋土壤至看見不種子的程度即可，以手掌自上輕壓使種子和土壤密合。

最後以花灑進行給水。

Point

難易度 容易　**日照** 全日照

- 即使夏季也能旺盛成長，栽種容易。
- 使用排水孔多的盆栽，放置於日照良好的場所。
- 過於乾燥會造成品質低落，請隨時注意土壤狀況。
- 開花後會造成品質低落，因此看見花蕾就立刻摘除。

生長適溫 20～25℃

病蟲害 蚜蟲、葉螨

盆栽大小 中型以上　16公升以上

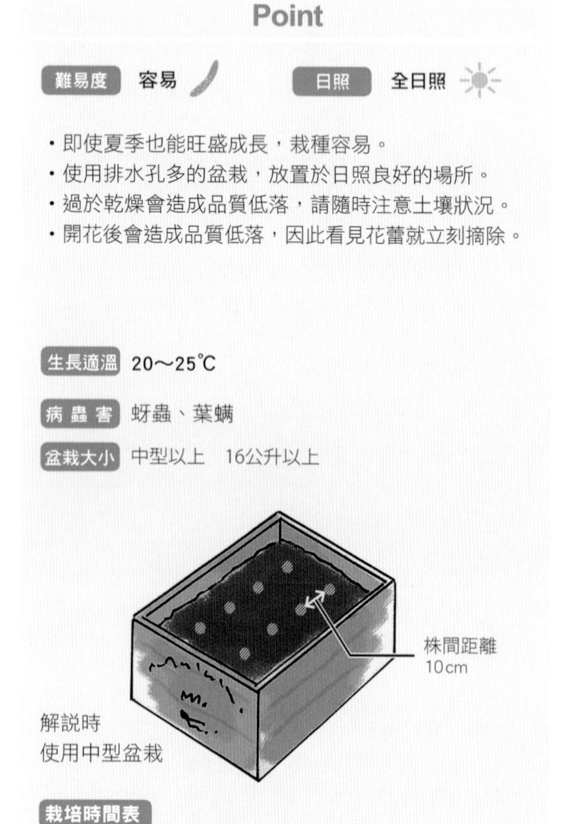

栽培時間表

	1月	2月	3月	4月	5月	6月	7月	8月	9月	10月	11月	12月
播種				■	■							
採收						■	■	■	■	■		

2 疏苗

4月下旬～**6**月上旬

本葉發出2～3片後進行疏苗

疏苗後

本葉發出2～3片後，1處只留2株健苗即可，將其餘外形不佳或生長不良的幼苗拔除。疏苗時，為避免傷及其他植株，請以手指壓住根部後再行拔除。疏苗後為避免植株倒塌，根部必須進行培土。

3 摘芯

5月中旬～**7**月上旬

植株高度20cm後進行摘芯

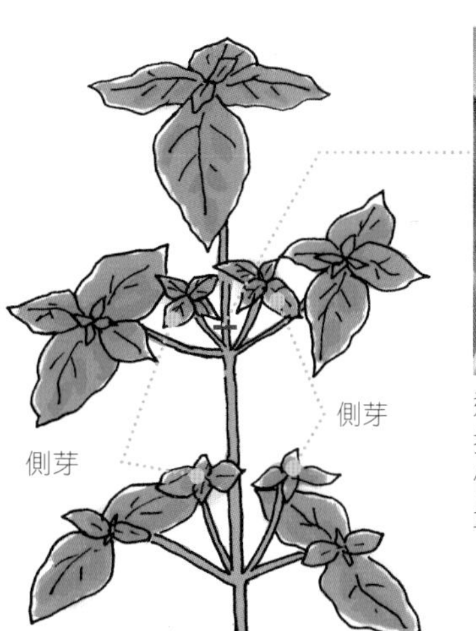

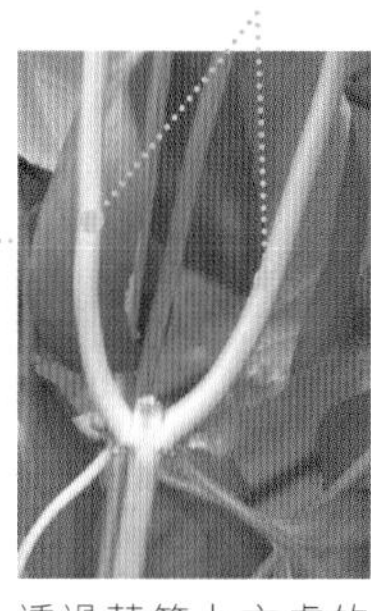

透過莖節上方處的摘芯，促使側芽延伸生長以增加收穫量。

植株高度20cm後，為了讓側芽生長以增加收穫量，必須進行摘芯。摘芯時，自植株根部約10cm處，保留莖節後進行摘芯。

4 追肥

5月中旬～**9**月下旬

播種6週後開始進行追肥

播種6週後，視生長狀況而定，約2週進行1次追肥，播種處施放一小撮（約2～3g）化學肥料後，以指尖淺淺地鬆土，根部進行培土並以手掌輕壓。

5 採收

6月上旬～**10**月下旬

側芽生長後即可採收

前次摘芯處的莖節間，發出側芽後就是適合採收的時期。採收時，保留葉片前端約15cm處的節間，側芽延伸生長後就可以繼續採收。

花開後會導致品質低落，因此花蕾必須進行摘除。

外型特別嬌小，營養卻滿點的超級香菜
歐芹巴西利
繖形科

Parsley

除了栽培簡單之外，還可以長期採收，
栽種於陽台上，想要用時，立刻就有，
可說是料理上珍貴的寶物。
營養也很豐富，
除了胡蘿蔔素和維生素之外，
也含有豐富的礦物質，具有清血的效果。

1播種

3月中旬～**4**月中旬

間隔10～12cm進行點播

間隔10～12cm，以指間作出深約1cm的植穴，不重疊地分別播下2～3粒種子。

播種後覆蓋薄土，以手掌自上輕壓。

最後進行給水，使種子和土壤密合。

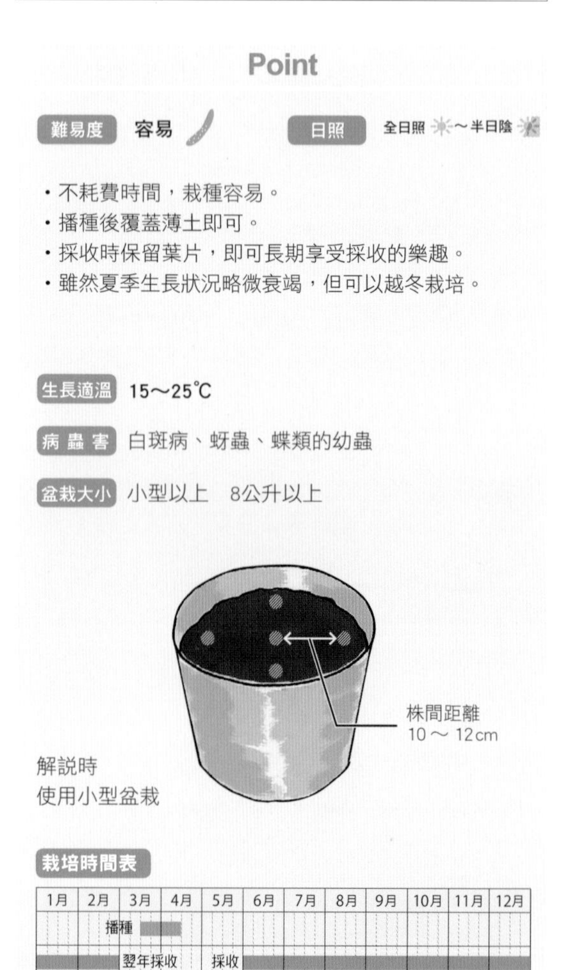

- 不耗費時間，栽種容易。
- 播種後覆蓋薄土即可。
- 採收時保留葉片，即可長期享受採收的樂趣。
- 雖然夏季生長狀況略微衰竭，但可以越冬栽培。

生長適溫 15～25℃

病蟲害 白斑病、蚜蟲、蝶類的幼蟲

盆栽大小 小型以上 8公升以上

栽培時間表

1月	2月	3月	4月	5月	6月	7月	8月	9月	10月	11月	12月
		播種									
		翌年採收		採收							

2 追肥①

4 月下旬～ **9** 月下旬

播種5週後進行追肥

播種5週後，播種處施放一小撮（約2～3g）化學肥料於植株周圍，然後以指尖淺淺地鬆土，根部培土後以手掌輕壓。

3 採收

6 月上旬～翌年 **2** 月下旬

本葉發出14～15片時即可採收

1株發出的葉片14～15片以上時，就是適合採收的時期。若想要長期享受採收的樂趣，可如照片所示，自外葉開始一點一點地採收，1株只要保留8～9片即可。若想要一次採收完成，保留子葉（雙葉）上2～3cm後，以剪刀將整株剪下即可。

4 追肥②

6 月上旬～翌年 **2** 月上旬

採收後進行追肥

想要再次採收時，採收後可於播種處施放一小撮（約2～3g）化學肥料於植株周圍，以指尖淺淺地鬆土。若自外葉採收時，可視生長狀況約1個月進行1～2次同樣份量的追肥。
土壤減少時，必須補充土壤。

5 再次採收

7 月上旬～翌年 **2** 月下旬

葉片數量約14～15片時即可再次採收

1株發出的葉片14～15片後，可以像照片一樣，保留植株根部後剪下，或其中保留8～9片後自外葉開始採收。繼續追肥，可以享受數次收成的快樂。

常用於沙拉或湯品的變種茴香

甜茴香

繖形科

Florence fennel

茴香種類裡，屬於植株葉柄肥大的品種，
種子有辣味，葉片有香味，
肥大的葉柄，常用於湯品或沙拉料理。
此外，種子也能作為腸胃保健的藥物使用。
整株都有利用價值，照顧上不費工夫，
栽培上非常簡單。

1 播種

3月中旬～**5**月上旬

間隔25～30cm進行點播

間隔25～30cm，以指間作出深約1cm的植穴，不重疊地分別播下2～3粒種子。

播種後覆蓋薄土至看不見種子即可，以手掌自上輕壓。

最後以花灑進行給水，使種子和土壤密合。

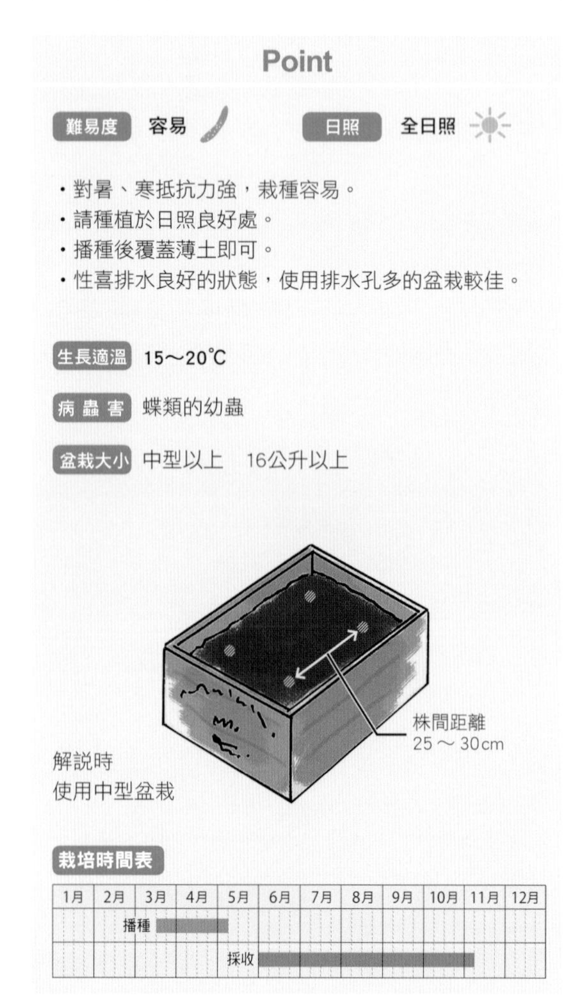

Point

難易度 容易　**日照** 全日照

- 對暑、寒抵抗力強，栽種容易。
- 請種植於日照良好處。
- 播種後覆蓋薄土即可。
- 性喜排水良好的狀態，使用排水孔多的盆栽較佳。

生長適溫 15～20˚C

病蟲害 蝶類的幼蟲

盆栽大小 中型以上　16公升以上

栽培時間表

	1月	2月	3月	4月	5月	6月	7月	8月	9月	10月	11月	12月
播種			■	■	■							
採收					■	■	■	■	■	■	■	

2 疏苗・追肥①

4 月下旬 ～ **6** 月下旬

植株高度20～30cm後進行疏苗和追肥

植株高度約20～30cm後，留下1株健苗，其餘拔除。

疏苗後，每株施放一小撮（約2～3g）化學肥料於植株周圍（葉片下方），再以指尖淺淺地鬆土，根部培土後以手掌輕壓。

3 摘除下葉

5 月中旬 ～ **11** 月上旬

隨時摘除變色後的下葉

種植過程中，老了或枯萎的下葉是導致病害的原因，最好隨時進行摘除。

4 追肥②

5 月下旬 ～ **10** 月中旬

視生長狀況進行追肥

前次追肥後約1個月，可視生長狀況1個月進行1次追肥。每一植株施放一小撮（約 2～3g）化學肥料於植株周圍。

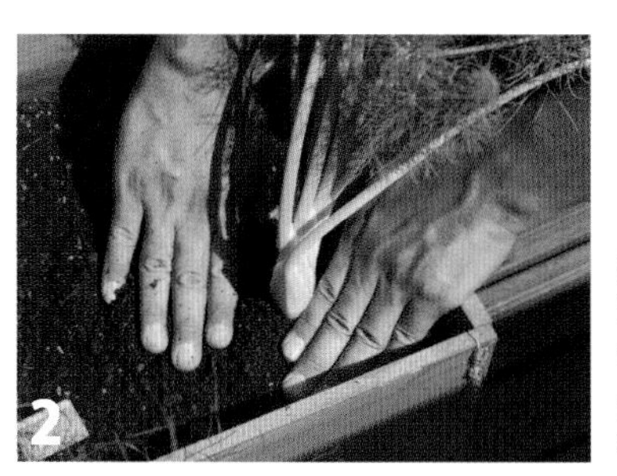

追肥後以指尖淺淺地鬆土讓肥料和土壤混合，根部培土後以手掌輕壓。

5 採收

6 月上旬 ～ **11** 月上旬

植株根部肥大時即可採收

播種後約10～12週，植株根部肥大後，可以沿著地面用剪刀整株剪下進行採收（上方照片）。此外，若不整株採收，僅採收需要的份量時，可享受長期採收的快樂（右方照片）。

具有放鬆效果，令人心情愉悅的香草代表

薄荷

紫蘇科

Peppermint

具有改變氣氛及放鬆的效果，
除了作為料理及西餐的前菜之外，
還可以運用於各種不同的場合，
原產於地中海沿岸的香草植物。
照顧上不需耗費工夫，
也不需過於擔心病蟲害，
即使是害怕蟲害的人也能安心栽種。

1 播種

3月中旬～5月中旬

間隔10～12cm進行點播

間隔10～12cm，以指尖作出深約1cm的植穴，不重疊地分別播下2～3粒種子。

2 播種後覆蓋薄土至看不見種子後，以手掌輕壓。

3 以花灑進行給水，使種子和土壤密合。

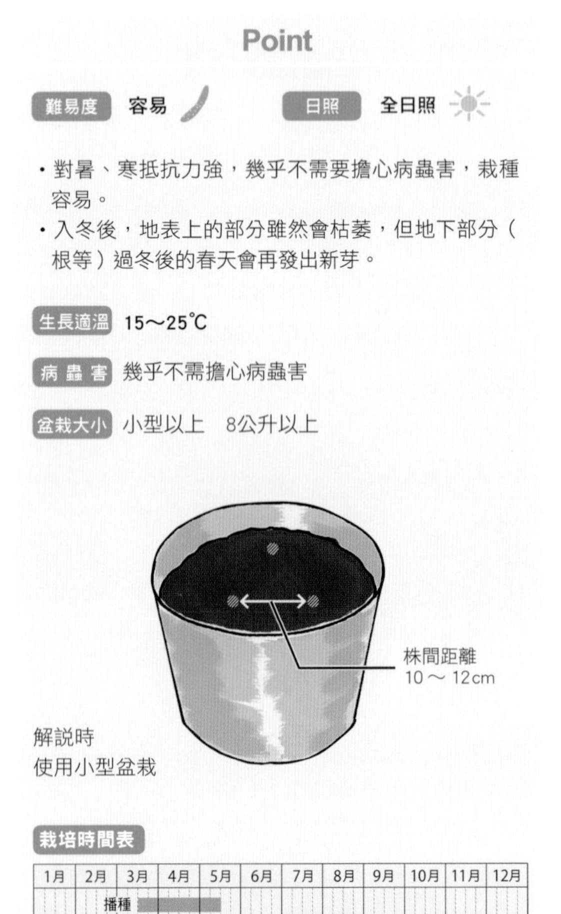

Point

難易度 容易　**日照** 全日照

- 對暑、寒抵抗力強，幾乎不需要擔心病蟲害，栽種容易。
- 入冬後，地表上的部分雖然會枯萎，但地下部分（根等）過冬後的春天會再發出新芽。

生長適溫 15～25℃

病蟲害 幾乎不需擔心病蟲害

盆栽大小 小型以上　8公升以上

解說時
使用小型盆栽

栽培時間表

1月	2月	3月	4月	5月	6月	7月	8月	9月	10月	11月	12月
	播種	■	■	■							
				採收	■	■	■	■	■		

2 摘芯

5月中旬～7月中旬

植株高度15cm後進行摘芯

植株高度15cm後，為了讓側芽生長以增加收穫量，請保留下方2莖節後，以剪刀進行摘芯。摘下來的芯可以作為料理食用。

3 追肥

5月中旬～7月中旬

摘芯後進行追肥

摘芯後，每一播種處約施放一小撮（約2～3g）化學肥料於植株周圍。

追肥後以指尖淺淺地鬆土，讓肥料和土壤混合，根部進行培土後輕壓。

4 開始採收

6月上旬～8月中旬

植株高度20cm後即可開始採收

植株高度20cm，葉片數量增加後，可自莖部前端約5cm處以剪刀進行採收。

採收後，每一播種處施放一小撮（約2～3g）化學肥料於植株之間，追肥處以指尖淺淺地鬆土，根部進行培土後輕壓。

5 再次採收

6月下旬～10月下旬

植株高度再次長至20cm後即可再次採收

植株高度再次長至20cm後，即可再次採收需要的份量。此外，入冬後，地表上的部分雖然會枯萎，但地下部分（根等）過冬後的春天會再發出新芽生長。

香氣與檸檬雷同，具有安定精神的作用

檸檬香蜂草

紫蘇科

Lemon balm

因為擁有和檸檬一樣的香氣，
常被用作於甜點和香草茶，
內含的精油成分，含有鎮靜等作用。
雖然性不喜乾燥，對寒暑的抵抗力卻超強，
不需耗費太多功夫也能輕鬆栽種。

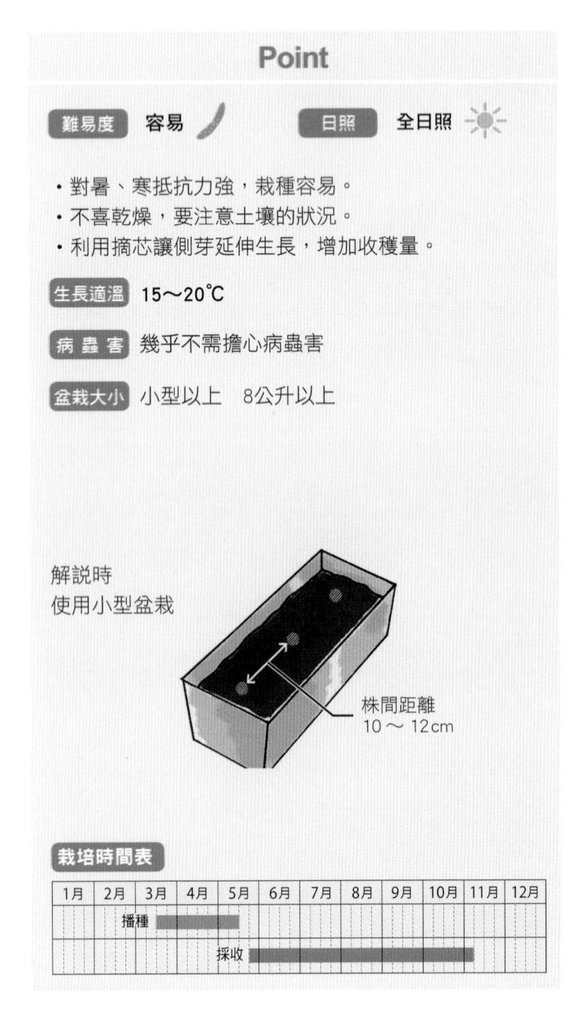

1 播種

3月中旬～**5**月中旬

間隔10～12cm進行點播

間隔10～12cm，以指尖作出深約1cm的植穴，不重疊地分別播下2～3粒種子。

播種後覆蓋周圍的土壤至看不見種子，並以手掌輕壓。

以花灑進行給水，使種子和土壤密合。

2 疏苗

4月中旬～**6**月中旬

植株高度10～12cm後進行疏苗

植株高度約10～12cm後，1處只留下1株健苗，其餘外形不佳或生長不良的幼苗進行拔除。為避免植株倒塌，根部進行培土後輕壓。

3 摘芯

5月上旬～**7**月上旬

植株高度15cm後進行摘芯

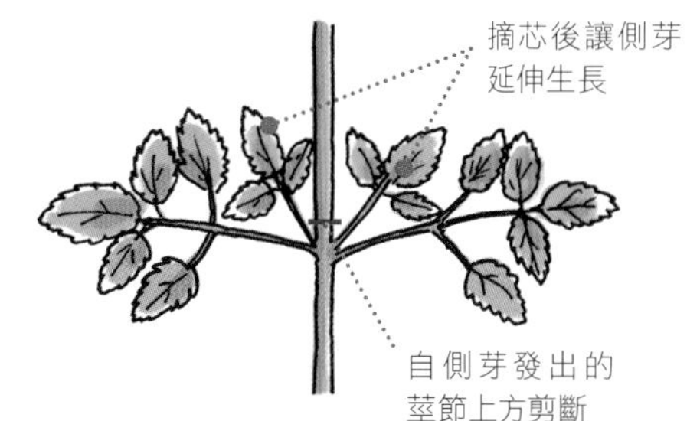

植株高度15cm後，為了讓側芽生長以增加收穫量，保留下方2莖節後，以剪刀進行摘芯。摘下來的芯可以作為料理食用。

4 追肥

5月上旬～**9**月下旬

摘芯後進行追肥

摘芯後，每一植株施放一小撮（約2～3g）化學肥料於植株周圍。之後視生長狀況進行追肥。

追肥後以指尖淺淺地鬆土，讓肥料和土壤混合，根部進行培土後以手輕壓。

5 採收

5月下旬～**11**月上旬

植株高度20cm後即可採收

植株高度20cm後，留下莖節自莖部前端以剪刀進行採收。因為側芽會繼續生長，若持續追肥，就能輕鬆享受長期採收的樂趣。若要乾燥後使用時，可自根部採收結了白色小花的枝葉，使其乾燥後即可保存。

具有芝麻香氣的辛辣香菜
芝麻菜（火箭菜）
十字花科

Rocket-salad

比起英文名稱「Rocket」，
義大利名稱「Rucola」，
好像更為人所熟悉，
栽培期間短，屬於容易栽種的香菜。

Point

難易度 容易　　日照 全日照

- 對暑熱抗力弱，夏季請放置於半日照處或遮陽處。
- 葉片容易折斷，若放於風強處，必須進行防風處理。

生長適溫 15～20℃

病蟲害 青菜蟲、蚜蟲

盆栽大小 小型以上〈解說時使用中型盆栽〉
8公升以上　條間距離8～10cm

栽培時間表

1月	2月	3月	4月	5月	6月	7月	8月	9月	10月	11月	12月
	播種（春）						播種（秋）				
			採收（春）					採收（秋）			

1 播種

4月上旬～6月下旬（春）
8月中旬～10月中旬（秋）

不重疊地平均進行條播

間隔8～10cm，作出深約0.5～1cm的植溝，不重疊地平均播下種子。播種後覆蓋周圍土壤，並以手掌輕壓。最後進行給水，使種子和土壤密合。

2 疏苗

4月下旬～7月中旬（春）
9月上旬～11月上旬（秋）

本葉發出2～3片及4～5片時進行疏苗

本葉發出2～3片後，為了使株間保持2～3cm，必須進行第1次的疏苗。之後當本葉發出4～5片時，進行第2次疏苗，使株間距離為4～5cm。

3 追肥

4月下旬～7月中旬（春）
9月上旬～11月上旬（秋）

疏苗後進行追肥

疏苗後，整個盆栽均勻地施放一小撮（約7～8g）化學肥料於植株之間。追肥後以指尖淺淺地鬆土，根部培土後以手掌自上輕壓。

4 採收

5月中旬～7月下旬（春）
9月中旬～12月下旬（秋）

植株高度約15cm以上，大致就可以採收

植株高度約15cm以上時，就是適合採收的時期。自植株根部剪下或整株拔起都可以。植株過大會導致葉片變硬，因此不要錯過採收時間。若想要長期採收，可自外葉一點一點進行採收。

第6章

盆栽種菜的基本概念

整土

必須配合直播・定植等栽種方法進行整土

對栽種蔬菜來說，所使用的土壤非常重要。根部是否緊實往下紮以支撐蔬菜、貯存生長時所需要的水分和養分等，都必須靠根部進行提供。盆栽栽培時，因為土壤的份量有所限制，常造成過於潮濕或乾燥、肥料過多或肥料不足等現象。因此，基本上土壤必須具有良好的排水性、保水性、通氣性，肥料份量才能有效地維持。

以盆栽栽種蔬菜時，使用市售的專用培養土非常方便。話雖如此，並不是指單純地裝入培養土就可以定植幼苗。為了使排水良好，栽種用土的底層必須裝入顆粒較大的土壤，若是採取直接播種的情況下，必須配合蔬菜的栽種方法，裝入保水性、保肥性、通氣性佳的播種專用培養土。

直播用土

適合條播或點播等直接將種子播種於盆栽裡的土壤作法。

定植用土

適合茄子或迷你蕃茄等，從種子開始栽培較為困難，而播種於育苗盆或購買市售幼苗定植較為適合的土壤作法。

栽培用土比定植用時約少2～4cm，其上裝入播種專用土至距盆口邊緣約2～4cm處，最後以手掌輕壓將表面整平。

3 裝入培養土後，以手掌輕壓將表面整平。

2 裝入缽底網及大粒紅玉土的盆缽裡，再裝入栽培用培養土至距離盆口約2～4cm的高度為止。

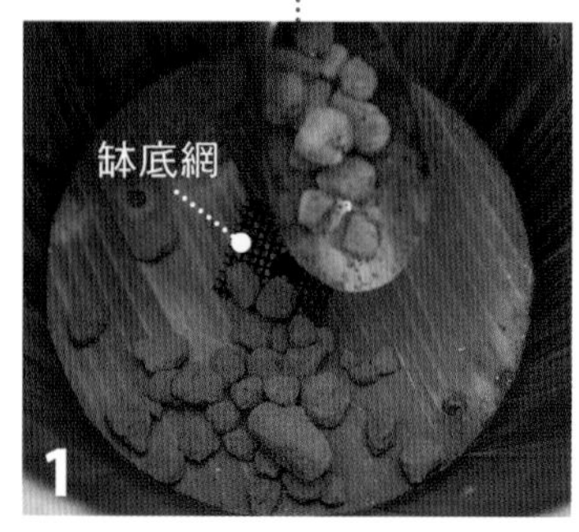

1 先在盆栽底部鋪上缽底網（網子大小能覆蓋缽底），再自上方裝入大粒的紅玉土，直到看不見底部為止。

市售的栽培用土和播種專用培養土

園藝店或農具中心等所販賣的栽培用土或播種專用土，
可不需費功夫，輕鬆地種菜。

播種用培養土

保肥力及保水力高，能使發芽一致的市售播種用培養土。播種於盆缽或小粒種子使用。

栽培用土

通氣性、保水性佳，內含肥料的市售栽培用土。可使用於各種蔬菜。

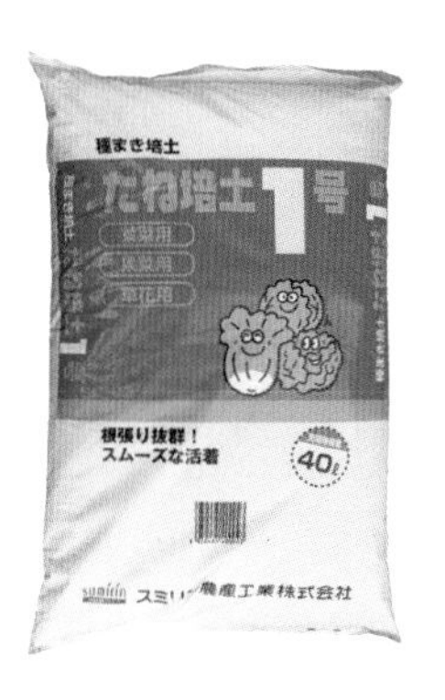

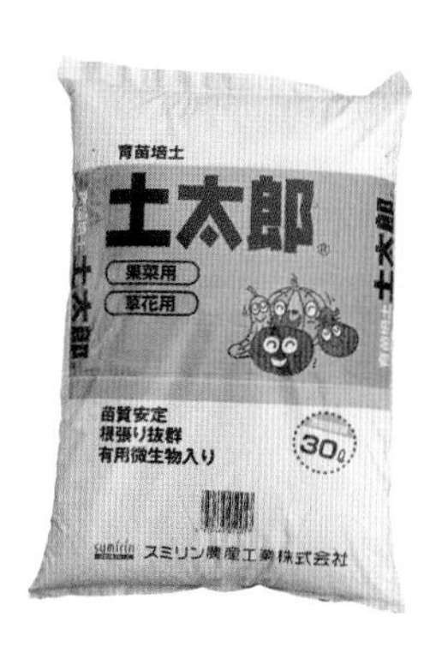

正式用土

園藝店或農具中心所販賣的用土，雖然份量恰當且取得方便，但品質可能會良莠不齊，若使用農家所使用的正式用土，品質較為穩定。（左側為此次種菜所使用的土壤。參照P192的材料提供）

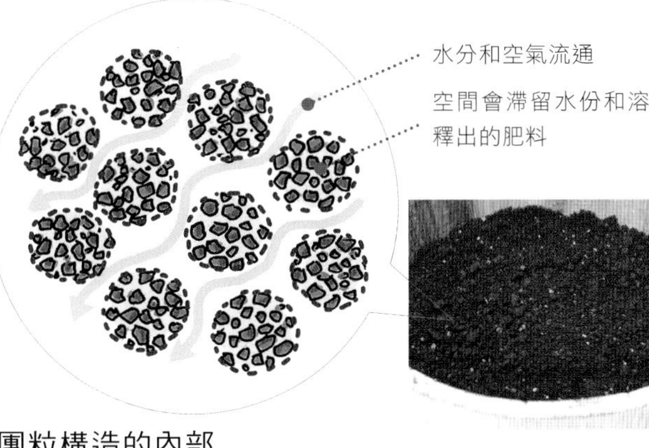

團粒構造的內部

透過團粒和團粒之間流通的水分和空氣，使土壤的通氣性和排水性佳，此外，團粒的空間處會滯留水份和溶釋出的肥料，相對也能提高保水性和保肥性。

排水良好的團粒構造土壤

所謂「土壤」，其實是由非常細小的粒子聚集而成。僅由極細的粒子聚集而成的土壤，就稱為單粒構造土。由單粒構造土形成某種大小後所構成的顆粒，就稱為「團粒」。由團粒聚集而成的土壤就稱為團粒構造土。團粒構造土的顆粒大就會形成足夠空間，而成為排水良好、通氣性佳的土壤。同時團粒可以貯藏較多的肥料、水分、養分，保水性和保肥力也會變好。

土壤的調配

了解基本用土和改良用土的特徵，才能成為更進一級的種菜者

總而言之，所謂的土壤有各種不同的種類。大致上可區分為「基本用土」和「改良・調整用土」兩大類。

基本用土是製作栽培用土時的基底土壤，一般有紅玉土或黑土等。改良或調整用土是為了提升基本用土的通氣性和排水性，添加於基本用土裡使用。

第168頁裡所介紹，園藝店或農具中心所販賣的蔬菜專用栽培用土，是在基本用土裡加入改良用土，甚至加入肥料而成。

雖然市售的栽培用土已經足夠了，但是自己所調和出來的栽培用土，更適合栽種蔬菜，因此，當使用市售的栽培用土不夠滿意時，可以挑戰看看由自己調配土壤。

基本用土

以栽培用土，作為基底的土壤。
分為含有肥料成分和不含肥料成分兩種。

紅玉土

將乾燥後的紅土依照顆粒大小區分而成。雖然不含肥料成分，但是透過調和的過程，可轉為通氣性、保水性、保肥力均優的基本用土。分為小粒、中粒、大粒來販賣，為了讓排水順利，必須將大粒的紅玉土鋪在盆栽底。

黑土

以輕軟為特徵的基本用土，含有大量的有機物和肥料成分。不要單一使用，為了補強通氣性及排水性，最好混合腐葉土等改良用土後再行使用。

河砂土

花崗岩磨細後成為通氣性佳的基本用土。雖然不含肥料成分，但若想提高通氣性時，也可以作為改良用土。此外，根菜類等為了避免根部前端裂開，通常會善用河砂土。

改良・調整用土

添加於基本用土中可以提高
保水性・排水性・通氣性等效果。

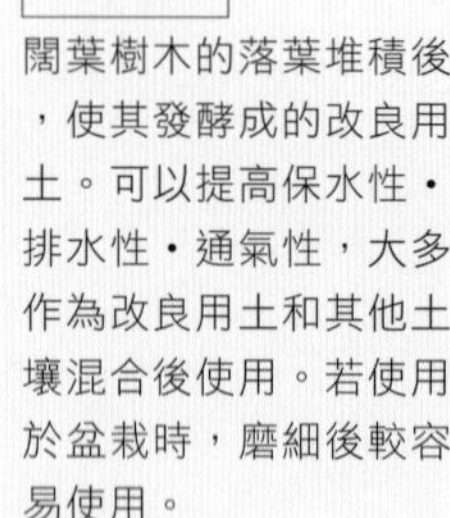

腐葉土

闊葉樹木的落葉堆積後，使其發酵成的改良用土。可以提高保水性・排水性・通氣性，大多作為改良用土和其他土壤混合後使用。若使用於盆栽時，磨細後較容易使用。

堆肥

稻桿和動物的糞便混合後發酵而成的土壤。略含肥料的成分。不只是作為基肥（參照185頁）使用，還可以讓土壤團粒化，提高保水性・排水性・通氣性，和腐葉土一樣，也當作改良用土使用。

蛭石

將二次礦物蛭石等以高溫燒烤而成的調整用土。非常輕，可混合當作提高保水性・排水性・通氣性的用土使用。因為和黑土等顆粒較細的用土相容性較差，所以通常都和紅玉土調和使用。

土壤混合的方法

自己混合栽培用土，才能搭配出蔬菜最適合的土壤

若不使用市售的土壤，想混合單用土壤，自己混和出最適當的種菜土壤時，基本上會在紅玉土或黑土等土壤內，混入適當比例的腐葉土或堆肥。

基本用土的排水性或保水性不甚理想時，可混入蛭石等調整用土來調整。依照蔬菜的種類不同，排水性・保水性等性質也有或多或少的差異，所以請根據栽種蔬菜的種類，改變搭配的比例，混合出適合蔬菜的土壤吧！

雖然市售的栽培用土裡，已經混入了作為基肥（參照185頁）的肥料，但是，自己調配土壤時，必須搭配作為基肥的肥料，其調配比例為盆栽土壤面積每100cm^2，混入1g的化學肥料（N-P-N＝10-10-10），作為栽培用土壤。

混合的程序

將欲調和的土壤準備好，
均勻地充分混合後，裝入盆栽裡。

根據盆栽所需要的份量，依照搭配比例將所需土壤分別準備好，均勻地混合。

盆栽底先鋪上缽底網，再將大粒紅玉土裝入至看不見網子的程度即可，最後將充份混合後的土壤，裝入盆栽內至盆栽口邊緣約2～4㎝的高度。

原有栽培用土的搭配比例

葉菜類・果菜類・根菜類等，每一種類的搭配比例都不同，所以原有的栽培用土要混合之前，必須先確認所種蔬菜的搭配比例。

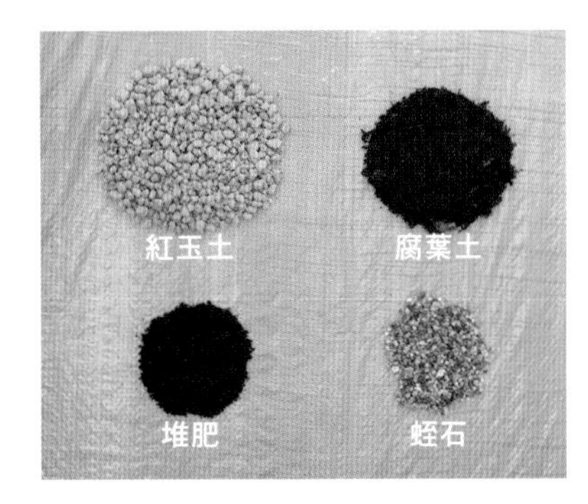

葉菜類的比例

- 紅玉土：5
- 腐葉土：3
- 堆肥：1
- 蛭石：1

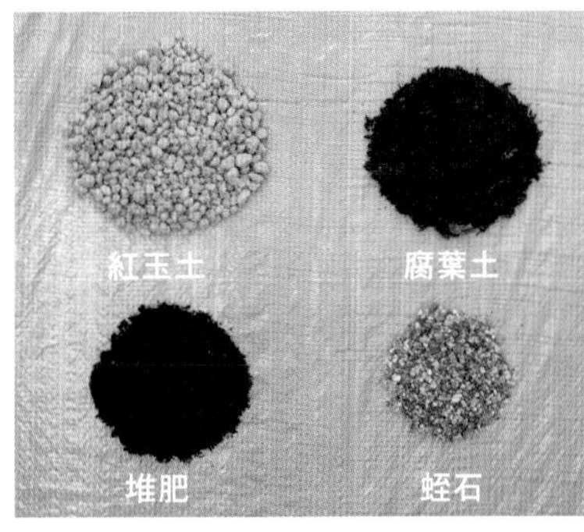

果菜類的比例

- 紅玉土：4
- 腐葉土：3
- 堆肥：2
- 蛭石：1

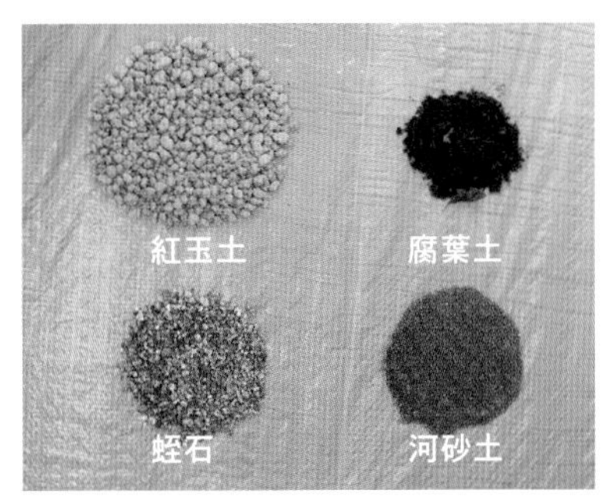

根菜類的比例

- 紅玉土：5
- 腐葉土：1
- 蛭石：2
- 河砂土：2

土壤的循環再生

土壤也是資源之一。種完菜之後的土壤，也可以循環再利用喔！

盆栽種菜的土壤，使用一年後，土壤的粒子會崩解而成為單粒構造（參照169頁），不管是排水性或保水性、通氣性都會變差，並不適合種植蔬菜。此外，病原菌或害蟲、蟲卵等也會增加，土壤中所含的均衡養分可能被破壞，若持續使用這種土壤，會導致病蟲害及生長障礙的產生，蔬菜自然就無法順利生長。

如此說來，即使是使用過的土壤，只要將土壤中的蟲卵去除，驅除病原菌或害蟲等，或稍微費點心思，將腐葉土或堆肥，依照需要加入紅玉土等，使其更新為團粒構造（參照169頁），當排水性、保水性、通氣性轉佳後，就和新的土壤一樣，如此即可再次使用於栽種蔬菜。

使用熱水再生的程序

要將病蟲害的病菌或蟲卵殺死，必須使用60℃以上的熱水連續浸漬15分鐘。使用再生土壤時，不要忘了添加基肥。

耐高溫的容器裡，將使用後欲再利用的土壤準備好，使用原有的盆栽也沒關係，但是，盆栽底下有孔穴時，要避免熱水流出。

土壤裡注入和再生土相同份量的熱水，為了殺死病原菌和蟲卵，必須於60℃以上的高溫中浸漬15分鐘以上。

浸漬熱水的土壤，放置於塑膠墊上數日，使其乾燥後，倒入放置於塑膠墊上的篩子裡。

篩子裡的土壤過篩。過程中要除去混在裡面的葉片或碎根等雜物。遇到土塊不易過篩時，只要以手指將土塊捏碎即可順利過篩。

透過土壤過篩，分出大粒和小粒、根等部分，將根部等雜物處理掉，此時，小粒的土裡加入約1/3的新土（相對於最後盆栽裡裝入的土壤份量）混合。

鋪了缽底網的盆栽底層裝入紅玉土，一開始先放入大粒的，其次再加入混了新土的土壤，雖然最後要放入基肥（參照184頁），但是如果前一次的栽種狀況不順利的話，可能會殘留肥料，所以肥料量要減少。

廢土的處理

如果處理上感到困擾時，可諮詢自治團體等單位，採取正確的處理方式

雖然用於栽培蔬菜的土壤，可以循環再利用是最理想的狀況，但是如果不再種菜，或想要使用新土等情形下，必須想辦法處理無用的廢土。就算土壤循環再利用的情況下，所添加的新土份量，也會導致出多餘的土壤。雖然並沒有規定一定要如何處理這些廢土，但是真正處理起來卻格外地傷腦筋。

將廢土丟棄於公園或空地，當然是違反法律的規定，基本上都是請專門業者協助處理，但如果土量不大，自治團體或許可以回收處理，請先詢問當地市公所等單位的意見。

此外，自行製作堆肥也可以進行土壤回收。

製作堆肥

自己製作堆肥時，可以將家裡所生出的廚餘及使用後的土壤循環再生，在不破壞環境的情況下，也可以種植蔬菜。

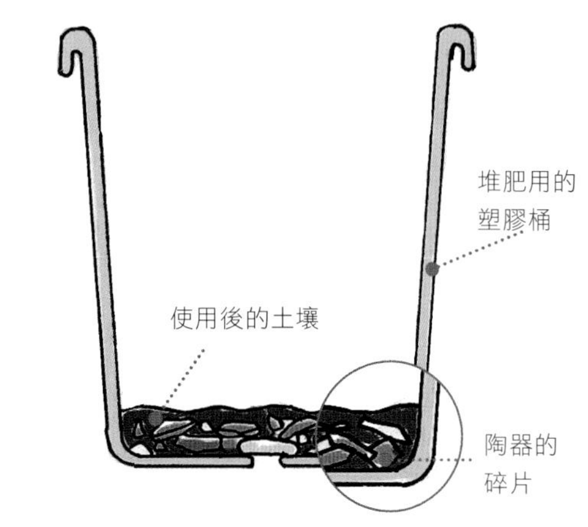

1 將大型的塑膠桶底部開孔後，裝入小石子及陶器等碎片，其上覆蓋厚度約5cm的土壤。

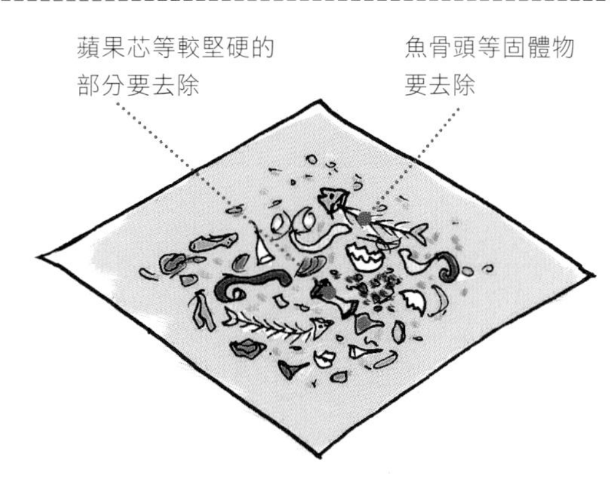

2 家裡所產生的廚餘，去除魚骨頭等固體物後，充分去除水分，置於塑膠墊上使其乾燥。

乾燥後的廚餘和米糠

廚餘用塑膠桶

3 廚餘乾燥後，為了促使其發酵，可以和米糠一起放入小型的塑膠桶內，擠壓至某種程度。因為會發出臭味，除了進行作業的時間之外，務必蓋上蓋子。

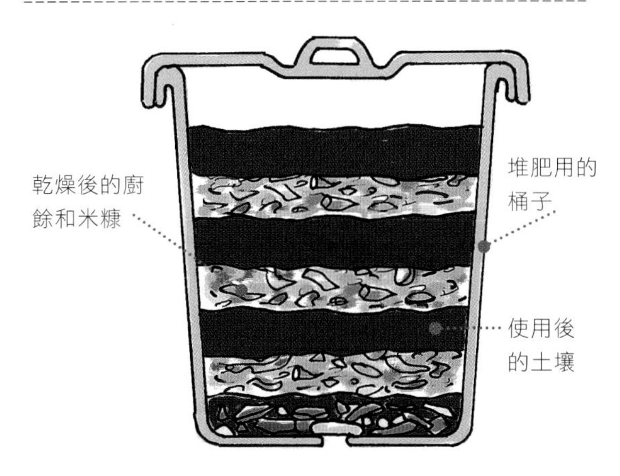

4 小型塑膠桶裡將廚餘擠壓至某種程度後，將廚餘移至之前準備的大型塑膠桶內整平，其上放入同量的舊土壤，同樣將表面整平。重複2～4的步驟，當大型塑膠桶裡面的廚餘和土層疊滿後，約過1～2個月後即可轉成堆肥。因為會發出臭味，除了進行作業的時間之外，請蓋上蓋子。

播種

關鍵在於選擇優良種子，以及在對的時期以對的方式播種。

播種栽種的情況下，首要之務是選擇優良種子。種子可自農具中心或園藝店、網路等處購得。購買時，必須確認種袋上所標示的發芽率檢查月，避免買入過期的舊種子。

另外，種子根據蔬菜種類不同，各自擁有不同的發芽溫度，若低於適溫或高於適溫過大時，都不容易發芽。必須看清種袋上所標示的發芽溫度，把握適當時機進行播種非常重要。

播種後，其上覆蓋的土壤稱為「培土」，一般約覆蓋種子大小3倍左右的厚度。播種後進行給水促使發芽，勿使其過於乾燥。

條播（以菠菜爲例）

長條狀播種的方式稱為條播，適合株間距離不夠寬廣，且必須進行疏苗的蔬菜。

1 盆栽裝入用土至盆口邊緣下約2～4cm處，以中指壓出植溝。手指略微左右晃動般地作出深約0.5～1cm的植溝。

2 食指和拇指捏住數粒種子，搓動手指平均地播下種子，此時種子盡量不要重疊。

3 播種完成後，以手指聚攏植溝兩側的土壤後覆蓋於種子上，最後以手輕壓讓種子和土壤密合。

4 以花灑進行給水作業，至水從盆栽底滲出的程度即可。

散播（以小葉菜爲例）

適合不需株間距離、不需進行蔬苗的蔬菜。在整平後的土壤上平均地播下種子。

盆栽裝入用土至盆口邊緣下約2～4㎝的高度處整平，和條播一樣以手指搓揉種子，平均地將種子播於整個盆栽。

播種後其上均勻地覆蓋薄土。

將表面整平後，以花灑進行給水作業，至水從盆栽地略微滲出的程度即可。

點播（以四季豆爲例）

所謂的「點播」就是配合株間距離作出植溝後，再於植溝裡播種。適合植株延伸生長的蔬菜。

盆栽裝入用土至盆口邊緣下約2～4㎝處的高度，取出間隔距離作出深約0.5～1㎝的植溝，播入約3～4粒種子（因蔬菜種類各異）。

種子上覆蓋土壤，以手掌輕壓使種子和土壤密合。

以花灑進行給水作業，至水從盆栽地略微滲出的程度即可。

有關於幼苗

優良幼苗是種菜成功的捷徑

自幼苗開始栽種時，儘可能在園藝店裡選擇優良幼苗，是種出健康蔬菜的基本條件，因為優良幼苗是由優良種子，在適當的環境‧管理下培育而成的。優良幼苗的選擇方法，大約可從「植株整體看起來生長狀況結實且健康」、「葉片或莖部的顏色濃綠」、「節間不長不短長度剛好」等條件一窺究竟。相反地，要避免節與節之間過長、整體看起來細細長長虛弱的幼苗、葉片和莖部的顏色不佳，以及下葉過小的幼苗。

播種後自行育苗的情況下，適當地進行播種和管理，培育出健康幼苗是非常重要的。播種後，進行保溫及加溫，適當的給水避免乾燥，即能培育出健康的幼苗。

幼苗的選擇方法

若選擇健康的幼苗栽種，整個栽種過程較為輕鬆。

不良幼苗的節與節之間，通常呈現過長或過窄，葉片或莖部呈現疲軟狀，下葉生長不良或變色等，地際處有病害的徵兆。

優質幼苗的節和節之間距離一定，下方葉片顏色深濃，葉片及地際處沒有傷痕、裂痕、變色等疾病徵兆。

育苗盆播種

對於直接播種，在發芽時及發芽後的照顧都較為困難的蔬菜來說，最好先使其在育苗盆裡生長後，再移植進盆缽裡。請如以下所示進行播種。

育苗盆裡裝入滿滿的培養土，以指間在土壤表面作出深約0.5～1cm的植穴（植穴數量因蔬菜種類而有所不同）。

植穴裡播入1～4粒（因蔬菜種類而異）的種子。

種子上覆蓋周圍土壤後，以手掌輕壓讓種子和土壤密合。

以花灑進行給水。將盆缽拿起後水分會自缽底流出的程度即可，盆缽土壤會因為飽含水分而呈現某種高度。

放置於日照良好處以促使發芽。

為了避免鳥害，播種處覆蓋切半的寶特瓶。

育苗盆表面的土壤乾燥後，再以花灑進行給水。

定植

買進幼苗後，避免過深或過淺地進行定植

以盆栽栽種蔬菜時，特別需要育苗溫度的果菜類等，若從種子開始栽種，不如直接購買幼苗回家栽種，失敗的機率較低。

幼苗發芽時，也就是正好適合定植幼苗的時期。因為蔬菜種類不同，有些幼苗會較早發芽，所以定植前務必先確認定植時期，一直到定植時，必須隨時進行給水照顧。

定植時不但要考量盆栽的大小，也要考量植株數量和間隔距離。植株會不斷生長壯大的蔬菜，定植時一個盆栽只種植1株，或株間距離間隔20～30㎝為佳。

此外，幼苗抵抗力差，定植最好選擇天氣晴朗無風的日子進行。

缽苗的定植（以迷你蕃茄爲例）

定植的重點在於不破壞根缽土。為了讓土壤和根部密合，輕壓後進行給水。

盆栽裝入用土至盆口邊緣下方約2～4㎝處的高度後，挖出和盆缽相同大小、相同深度的植穴。

先讓幼苗濕潤後，以食指和中指夾住莖部後倒反過來，在不破壞根缽土的情況下，將幼苗取出。

育苗盆上覆蓋薄土，植株根部覆蓋較多土壤。

根缽突出於地表，容易造成根部乾燥而導致枯萎。

若接枝的情況下定植過深，接枝處會發出根，而失去接枝的效果，導致葉片生長不佳。

馬鈴薯的定植

馬鈴薯最後必須覆蓋大量的土壤，因此最初裝進盆栽裡的土壤量可以比其他蔬菜少一點。

鋪了缽底網的盆栽內裝入大粒紅玉土後，再裝入用土至盆口邊緣下方約12～15cm處。

將切半後乾燥的種薯切口朝下放置於植穴內，其上覆蓋7～10cm的土壤後輕壓。

定植後進行給水，讓種薯和土壤密合，如此便完成了馬鈴薯的定植工作。

淺淺地將幼苗植入後，將掘出的土壤覆蓋其上，以手輕壓讓根部和土壤密合。

定植後的幼苗發出側芽時，必須進行摘除。以手指抓住側芽後往一側下壓，即可輕鬆摘下。

蕃茄等果菜類，生長至某種程度後，必須架立暫時性支柱支撐。為了避免傷及根缽，保持距離後立支柱，以繩索固定。

定植後以花灑進行給水至水分從缽底滲出的程度即可，透過給水使土壤和根部密合，讓根部能充份延伸生長。

疏苗

發芽後，將生長不良的幼苗拔除，維持必要的株間距離

播種育苗的情況下，通常都會在一處播下數粒種子，保留發芽後生長狀況良好的幼苗，其他不良苗拔除，維持必要的株間距離。

一般來說，疏苗會分成數次進行。疏苗的時間，配合所栽種的蔬菜，當雙葉發出後，大約在本葉發出1～2片、2～4片、5～7片時進行，最後一次疏苗時，必須完成適當的株間距離。

疏苗時，為了不傷及保留的幼苗，以兩根手指壓住欲拔除幼苗的根部後，再進行拔除。將葉片損傷或生長狀況不良的幼苗拔除，留下生長狀況良好的幼苗。此外，拔除的葉菜類或根菜類幼苗，可以充分利用，不要丟棄。

條播的疏苗方式（以迷你芹菜爲例）

因為植株和植株之間的距離很近，所以要注意不要傷及保留株的根部。不容易使用剪刀的地方，以手進行疏苗。

條播疏苗前的狀態。因為植株數量很多，請以手進行疏苗，作出葉片與葉片交錯的距離即可。

為了避免傷及保留株的根部，生長不良、葉或莖受傷的幼苗等疏苗時，先壓住植株的根部後再輕輕拔起。

點播的疏苗（以秋葵爲例）

播種處較為集中，所以進行疏苗較為容易。當根部紮實至某種程度之後，再以剪刀進行疏苗較佳。

疏苗前植株的狀態。當本葉發出2～4片後進行疏苗，僅留1株健苗即可。挑選葉片損傷或生長不良的幼苗，進行拔除。

為了不傷及保留的植株，最好使用剪刀進行疏苗。以手進行疏苗時，壓住保留株的根部後再進行疏苗。

摘芽・摘芯

配合蔬菜的特性以及採收的方法，適時地進行必要的摘芽・摘芯作業

大部分的蔬菜，都會隨著植株的生長，自枝（主枝）和葉柄之間發出稱為「側芽」的嫩芽。如果任由側芽生長，會發展成枝（側枝）而導致植株整體的生長遲緩，甚至無法結出好的果實。而且，側芽必須以手摘除，不使用剪刀的原因是避免傳染疾病。

此外，為了讓側芽摘除後的傷口儘快乾燥，必須選擇天氣晴朗的日子進行摘芽或摘芯的工作。

主枝持續生長至手無法搆到的高度時，必須以手摘除枝前端的生長點以抑制生長，此稱為「摘芯」。但是，透過採收植株莖部前端或葉片，反而可以促使側芽延伸，增加採收量。

摘除側芽（以蕃茄爲例）

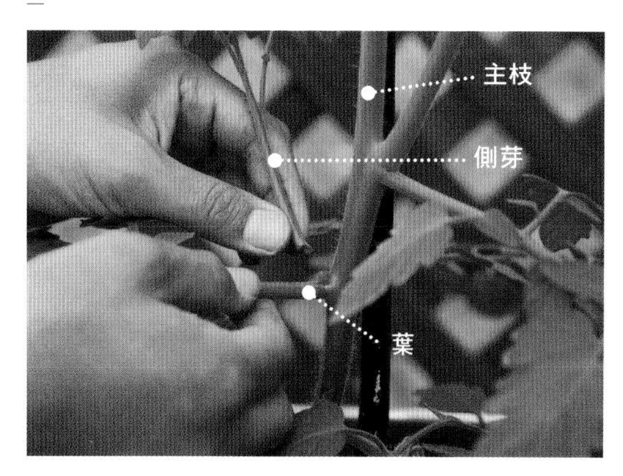

側芽會自葉柄處發出，最好儘早摘除。使用剪刀可能會導致傷口感染疾病，所以最好徒手進行摘芽作業。

摘芯促使側芽延伸（以紫蘇爲例）

紫蘇或香草等以採收葉、莖為主的蔬菜，採收時保留下葉，該處會發出側芽（側枝），收穫量也會增加。讓側芽長成側枝再進行採收，會增生更多側芽。

摘芯抑制植株長高（以小黃瓜爲例）

像小黃瓜等主枝會生長至手搆不到的高度，造成作業上困難的蔬菜，可以將前端摘除至適當的高度，主枝停止生長後，作業起來也較為容易。

摘芯促使子藤蔓生長（以西瓜爲例）

西瓜等藤蔓性蔬菜，子藤蔓會結出許多優良果實，所以必須透過主藤蔓摘芯，促使下方的子藤蔓生長。

追肥・培土

不僅是提供養分，對蔬菜來說，追肥・培土都具有更重要效果

市售的種菜用栽培用土等，土中的肥料會在蔬菜生長的過程中被根部所吸收或因為給水等作業而流失，所以肥料含量會越來越少。因此栽培過程中，有必要追加肥料，此稱為「追肥」。

使用短時間就能顯現效果的速效性肥料作為追肥。為了讓根部前端能有效吸收肥料，一般都施放於葉片周圍下方，和根部擴張的範圍相同。隨著蔬菜的生長，根部會跟著擴展開來，一開始施肥在植株周圍，接著施肥於略離根部的株間處。

追肥後，以手指將因給水而變硬的土壤表面挖鬆，此即所謂的「鬆土」。土壤經過鬆土後，通氣性會變好，較容易提供根部氧氣。此外，追肥後的肥料和土壤混合，較容易顯出效果，若趁此時將雜草根部拔斷，也能抑制雜草的生長。

鬆土後，植株根部必須覆蓋土壤，這就是所謂的「培土」。培土後的植株較不易倒塌，此外還可以避免薯芋類的根突出於地表。此時，若因給水等作業而導致盆栽內的土壤流失時，必須在盆栽內補充新土。

鬆土的效果

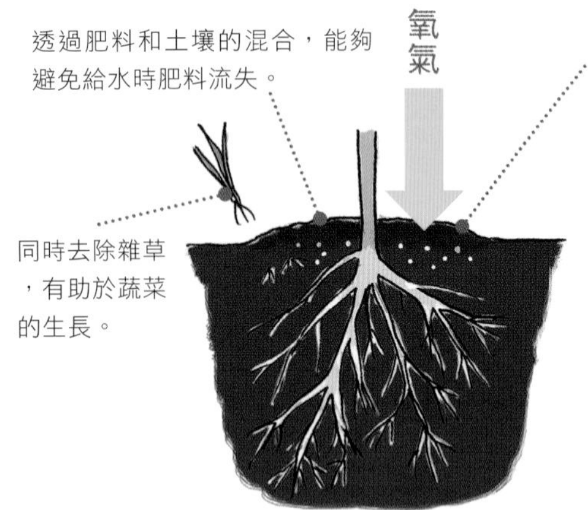

變硬的土壤透過鬆土，可以提高通氣性，讓養分更容易到達根部。透過和土壤混合，肥料的效果較容易顯現，同時也可以抑制雜草生長。

培土的效果

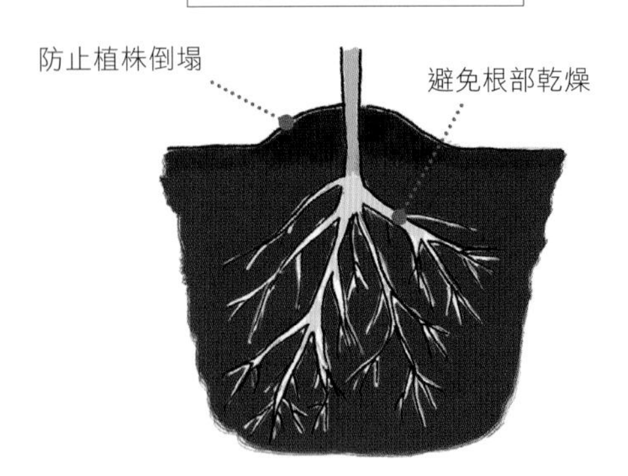

植株根部進行培土，較不易因為風雨而倒塌，也可以避免薯芋類的根部突出於地表之上。

追肥的方法

點播・定植後的追肥法

1株植株施予適量的化學肥料，在植株葉片下的範圍，以畫圓的方式進行追肥。

條播的追肥方法

整個盆栽，於條間平均地施放適量的化學肥料。

條播・散播的追肥・培土（以鴨兒芹爲例）

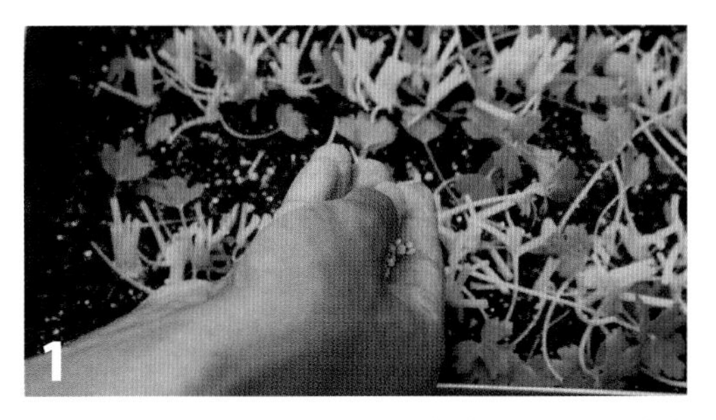

手取化學肥料對整個盆栽沿著植列平均施放適當的份量。

根部和列間的土壤以指尖淺淺地鬆土，讓土壤和肥料混合。

鬆土後為了避免植株倒塌，請於根部覆蓋土壤後輕壓（培土）。果菜類蔬菜根部不需要培土，將表面整平即可。培土時若發現土壤因風雨而流失時，必須補充新的土壤。

點播・定植的追肥・培土（以獅子椒爲例）

手取1株所需的肥料份量，以畫圓的方式施放於植株周圍（葉片下方）。

追肥後，指尖以畫圓的方式將根部或周圍的土壤淺淺地鬆土，讓土壤和肥料混合。

鬆土後為了避免植株倒塌，請於根部覆蓋土壤後輕壓（培土）。果菜類蔬菜根部不需要培土，將表面整平即可。培土時若發現土壤因風雨而流失時，必須補充新的土壤。

種菜時不同的追肥量（化學肥料N-P-K＝10-10-10的情況下）

條播・散播時（追肥份量以盆栽大小為基準）

盆栽的大小	基準	化學肥料*的g數
小型盆栽	一小撮（小匙1杯）	約5g
中型盆栽	二小撮（大匙1/2杯）	約7～8g
大型盆栽	一小把（小匙2杯）	約10g

點播・定植時（1株播種處追肥的份量）

基準	化學肥料*的g數
一小撮（小匙1/2杯）	約2～3g
一小撮（小匙1杯）	約5g
一小把（小匙2杯）	約10g

*有關於化學肥料請參照185頁

有關於肥料

土壤有限的盆栽裡，肥料的施放法非常重要

對於蔬菜生長來說，陽光、空氣、水，以及根部所吸收的養分是必要的要素，此養分就是所施放的肥料。蔬菜生長所需要的養分中，氮、磷、鉀尤其重要，被稱為肥料3要素，適合家庭菜園的市售肥料中大多含有這3大要素。

肥料的種類也很多，可大致區分為幾大類。雖然有例外，但若以原料作為區分的話，可分為以化學要素為主所合成的無機質肥料，和以天然原料為主的有機質肥料。

化學肥料分為緩效性肥料和速效性肥料。雖然速效性肥料立刻能看出效果，但是效果大多無法持久。緩效性肥料是屬於長期而緩慢呈現效果的肥料。

因為有機質肥料是藉由微生物等分解後才能吸收，所以效果長期而持久。

定植前先混入土壤裡的肥料稱為基肥，生長過程中因為肥料不足而補充的肥料稱為追肥。通常基肥使用緩效性肥料，追肥則使用速效性肥料。

對於初學者來說，含有3要素的肥料較容易使用。其中標示「N（氮）P（磷）K（鉀）＝10-10-10」等，建議N、P、K數值相同者取得平衡較佳。

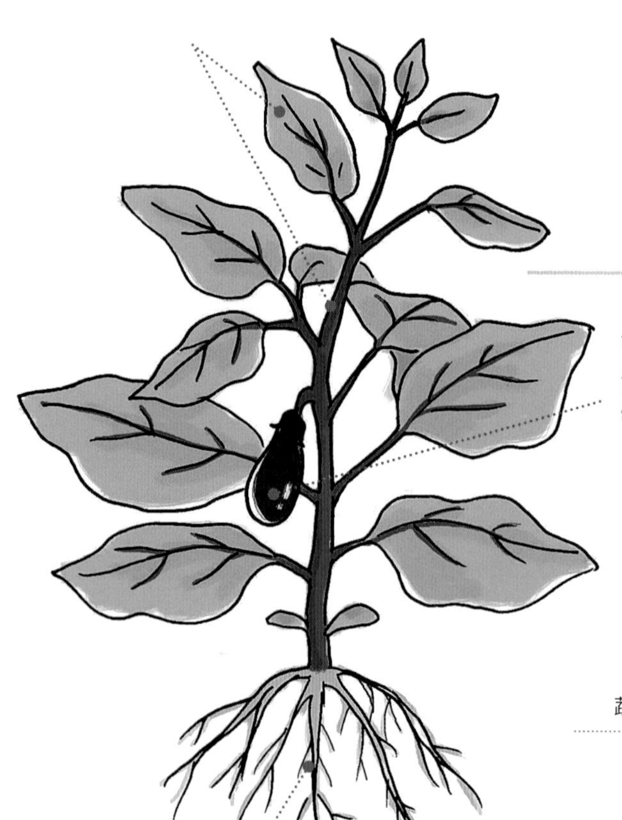

肥料對於各種蔬菜的效用

蔬菜的種類	肥料的效用
葉菜類	因為有助於葉或莖的生長，所以請施放氮素成分較多的肥料。
果菜類	因為有助於莖和葉、果實、花朵等的生長，最好施放氮磷鉀3要素均衡的肥料。
根菜類	因為有助於根部生長，所以請施放含有較多磷素的肥料。

液態肥料的使用方法

因為必須以水稀釋後使用，要以說明書中所標示的的水量來進行稀釋。

液體狀的化學肥料。分成必須以水稀釋，以及不須稀釋兩種。因為是液體狀，很快就可以顯現出肥料的效果，可惜效果無法持久，所以要特別注意斷肥的現象。

1 以水稀釋後使用的液肥，必須依照說明書上所指示的份量，以原液加水稀釋。使用寶特瓶稀釋可以清楚看見份量，非常方便。

2 為了讓液肥的濃度均勻，必須充份混合。和灑水的要領相同，以花灑施放至水分從盆栽底滲出為止。

化學肥料

可使用於基肥或追肥，初學者也能輕鬆使用的肥料。使用時要注意混合比例等事項。

化學合成的無機質肥料，是指3要素中含有其中2種的肥料。含有3要素的肥料使用上較為容易，「N-P-K＝8-8-8」是指以氮磷鉀的順序，依照配合比例的數字來標記，例如「N-P-K＝8-8-8」的情形下，每100g分別含有氮、磷、鉀各8g。

有關於基肥

植物是靠著吸收土壤中的養分才能不斷生長，市售的栽培用土，肥料的比例配合得宜，不會有什麼太大的問題，但是，使用再生循環的舊土或自行調配的土壤時，必須事先加入肥料，此稱為「基肥」。作為基肥混合在土壤裡的肥料份量，需配合播種處的表面積而有所不同。

一般來說，表面積100 cm^2 的土壤裡混入化學肥料1g「N-P-K＝10-10-10」。例如，長30 cm×橫40 cm的盆栽面積，表面積為1200 cm^2，所以作為基肥混入的肥料量為12g。

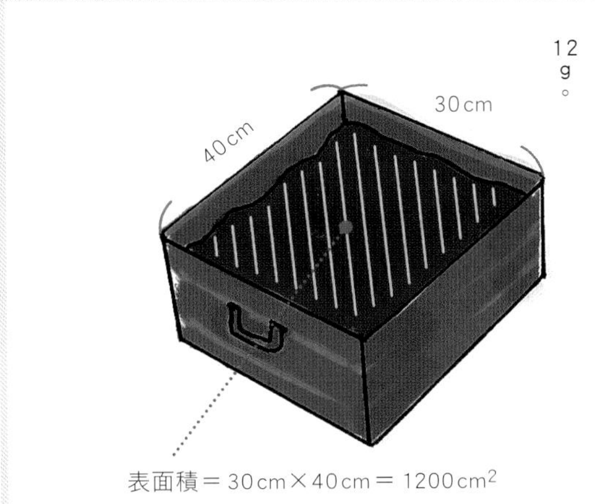

立支柱・誘引

因藤蔓延伸生長而容易倒榻的蔬菜，必須架立支柱進行誘引

對於植株生長較高，容易倒榻的蔬菜來說，為了避免植株倒塌，必須架立作為支撐用的支柱。藤蔓性蔬菜架立支柱進行誘引（以繩索將藤蔓固定在支柱上），可以讓蔬菜立體地生長，平均接受日照。此外，通風也會隨之轉好，植株才能健康地生長，收穫量也會跟著增加。

為了避免植株倒塌，雖然可以沿著主枝架立1支支柱作為支撐，但是，藤蔓性蔬菜通常採取四方框型或尖塔型支柱。架設時為了不讓支柱搖晃，可用鐵絲等固定於盆栽上。

支柱分為竹製及塑膠包覆的鋼管等材質。耐久性來說，鋼管材質較佳，若很重視外觀的話，可以使用竹製或能自由彎曲的粗鐵絲較佳。

立支柱的方法

尖塔型支柱

架立的支柱上方處交叉，以繩索固定而成。因為較適合藤蔓捲繞，所以適合小黃瓜或苦瓜等藤蔓性蔬菜。

四方框型支柱

所架立的支柱，以繩索或鐵絲等呈水平狀地環繞成數段而成。因為可以支撐相當程度的重量，所以較適合西瓜、南瓜等果實較為碩大的蔬菜。

架立1支支柱

適合用於蕃茄等側枝不會延伸生長的蔬菜。但是因為支柱必須插入植株的根部處，所以要特別注意誤傷根部。

固定支柱的方法

陽台的支柱容易因為風吹等因素而搖晃鬆脫，所以必須以鐵絲將支柱固定於盆栽上。陶質盆栽無法作出通過鐵絲的孔，所以盡量避免栽種需要架立支柱的蔬菜。

為了避免支柱晃動不穩，請以鐵鉗將鐵絲轉緊，並將轉緊後的鐵絲往下彎曲，或是剪短至不會鬆脫的長度，以免發生割傷人的危險。

若是木頭材質則可以開孔，開孔後穿過鐵絲即可固定。

配合植株的生長高度，增加支柱上迴繞的繩索層即告完成。延伸生長的藤蔓可以隨時捲繞固定於支柱上，之後隨著植株生長的高度所需，增加繩索迴繞的層數即可。

8字結誘引的作法

雖說進行誘引最主要是幫助植株生長，但為了避免產生反效果，必須要記住正確的作法。

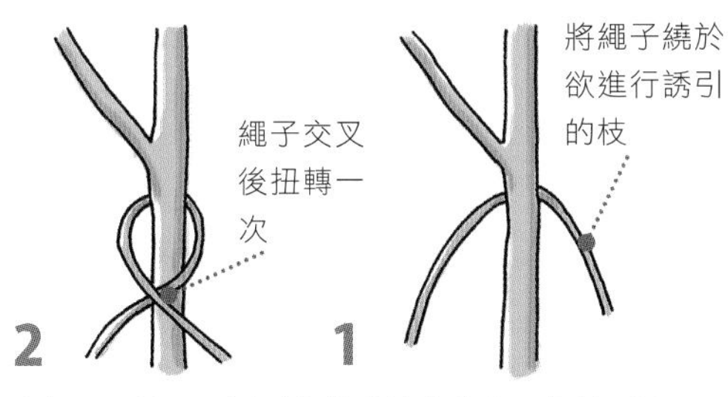

將繩子環繞至需誘引的枝或莖蔓後方，扭轉1圈。

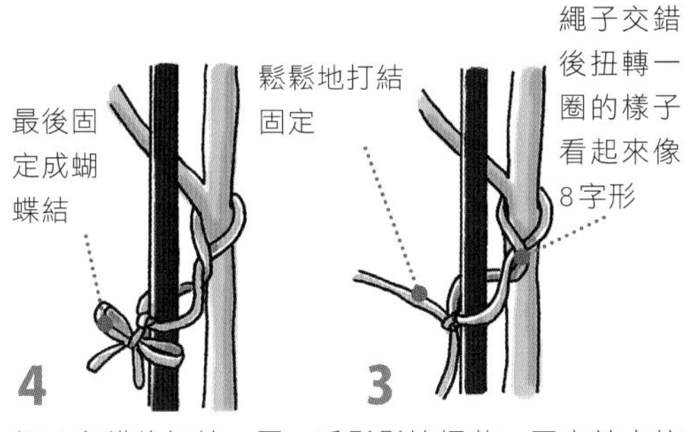

繩子交錯後扭轉一圈，手鬆鬆地握著，固定於支柱上，為了不讓繩子鬆脱，必須確實地綁緊，最後綁成蝴蝶結即可完成。

良好的誘引、不良的誘引

為了不傷及莖部，鬆鬆地握著8字結後打結，結目於支柱一側。

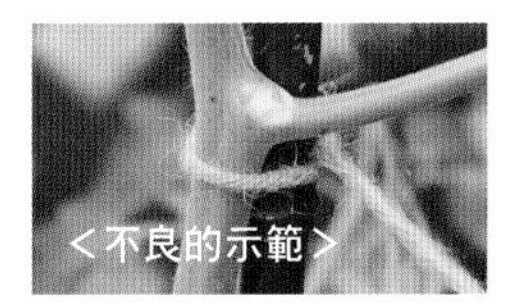

打結時，若莖部和支柱間不保留空間，可能會傷及莖部。

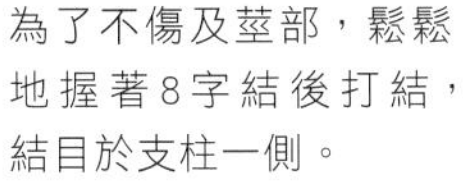

四方框型支柱的組合法

能輕鬆進行誘引的組合方式。因為必須承受果實垂下的重量，所以務必穩固地組合。

盆栽四周架立支柱，確實地固定於盆栽上。（右下方的照片為盆栽開孔後穿過鐵絲以鐵鉗固定於支柱上的狀態）

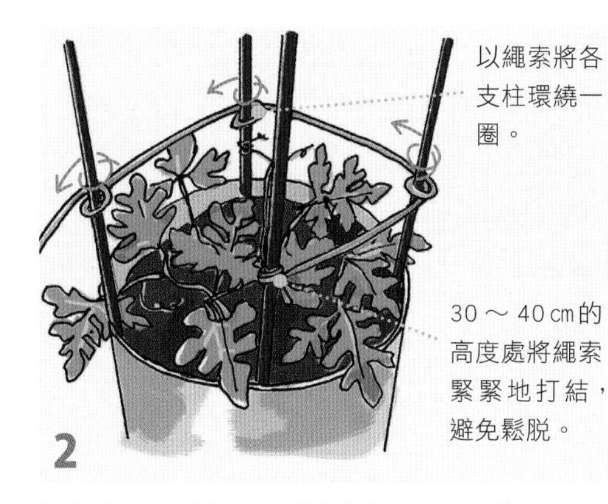

選擇其中1根支柱，距離盆栽約30～40㎝的高度，以繩索打結固定後，再於各支柱同樣高度處纏繞一圈。

其他支柱同樣高度處以繩索纏繞一圈，確認不會鬆脱後，繞回最初打結的支柱，再打一次結。

預防病蟲害

調整通風或日照等生長環境，可以有效預防病蟲害

病蟲害發生的原因之一是源自於土壤中的病菌或蟲卵，所以使用市售的栽培用土來進行盆栽栽培，會比在田裡栽培的發生率更低。但若不幸發生時，為了避免病態擴大，有必要採取預防及處理對策。

首先，最重要的是必須於適當的時間進行播種，才能培育出健康強壯的幼苗。但即使是培育出健康的幼苗，若生長環境不佳，還是容易遭致病害或蟲害。因此，在疏苗或定植時，採取適當的株間距離、良好的日照及通風、適當地給予水分或肥料等，持續維持良好的栽種環境是非常重要的。

了解蔬菜的特性以及害蟲或疾病的種類後，必須小心預防，發生後也要立刻採取處理措施。

主要病害的症狀・對策

病名	症狀・原因	對策方法	容易被害的蔬菜
黑腐病	細菌感染為主因。好發於春、秋兩季，葉片上沿著葉脈處會產生倒三角形的黃色病變。白蘿蔔則會產生黑色病變。	預防方法是儘可能將盆栽放置於雨水淋不到的地方，或者加強盆栽的排水狀況。此外，為了降低細菌感染的機率，特別注意給水時盡量不引起泥濺。	十字花科的蔬菜
腐銹病	因細菌而引起，好發於潮濕狀態。韭菜等葉片表面會產生橙色的銹斑，十字花科的蔬菜則產生白色斑點，被害嚴重時會導致葉片枯萎。	依照被害的程度，處理葉片或植株，預防方法是將盆栽放置於通風良好處，或採取適當距離使通風良好，避免潮濕。	十字花科的蔬菜、洋蔥、韭菜等
褐炭病	葉片上會產生褐色斑點，然後斑點內會產生小小的黑點，成為孔洞後枯萎。主要源自於土壤中細菌的感染。	除去發病的部分或整株拔除，避免殃及其他植株。預防方法是避免潮濕，保持盆栽排水狀況良好，同時採取適當的株間距離。	草莓、小黃瓜、西瓜、蕃茄等
軟腐病	植株接近地表處會因腐爛而疲軟，繼而發出異臭。土壤中的細菌藉由莖或葉的傷口處進入而導致發病，好發於高溫潮濕時期。	發病後的植株必須整株拔除。土壤再生利用時必須進行殺菌作業，預防方法為採取適當的株間距離，勿傷及植株的莖或葉片。發病的植株會藉由工作時的道具或手部感染，所以要特別消毒或洗淨。	高麗菜、白蘿蔔、包心菜、萵苣等
根瘤病	大多發生於十字花科的蔬菜，根部出現大小不一的瘤狀物，導致植株生長不良，嚴重時甚至枯萎。主要原因是土壤中的細菌藉由莖或葉的傷口處進入而導致發病。	發病後的植株必須整株處理，為了避免殃及其他植株，使用過的剪刀等器具必須清洗乾淨，盆栽土壤也必須進行消毒處理。預防方法是使用消毒過後的土壤，或是選購品種名稱上標示有 CR字樣的耐病性品種。	十字花科的蔬菜
灰黴病	剛開始發病處感覺上像是會滲出水的樣子，病處擴大後會腐爛，生出潮濕狀的灰色黴斑。主要是因為細菌感染，好發於通風不良處的植株。	會感染於植株位於地上部分的任何一處，要立刻處理發病部分，避免病情擴大。預防方法是定植時維持充分的株間距離，以及將盆栽放置於日照佳及通風良好的地方。	草莓、毛豆、四季豆、蕃茄等
葉斑病（病毒）	葉片會呈現馬賽克般的圖案，最後導致葉片變形。主要原因是害蟲為媒介所感染的病毒所致。	發病之後的植株要拔除，使用過後的剪刀要消毒，以免傳染至其他植株。預防方法是覆蓋寒冷紗等，防止作為媒介的蚜蟲飛來。	幾乎所有的蔬菜

有關於白斑病 參照56頁　有關於黃斑病 參照115頁

葉斑病

主因是以蚜蟲為媒介所傳播的病毒所感染，發病時葉片上會產生如馬賽克般的斑狀，嚴重時甚至導致葉片變形。

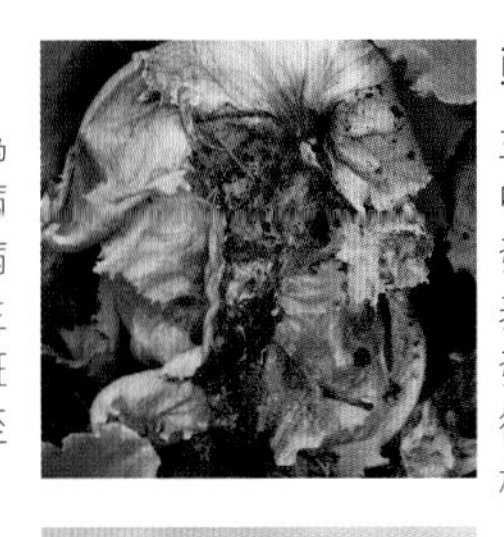

軟腐病

主要是因為土壤中的細菌感染而發病。植株近地表處會因腐爛而發出異臭。發病後的植株必須整株拔除。

腐銹病

葉片表面會產牛橙色的銹斑或白色斑點，嚴重時會導致葉片枯萎。好發於潮濕的土壤。

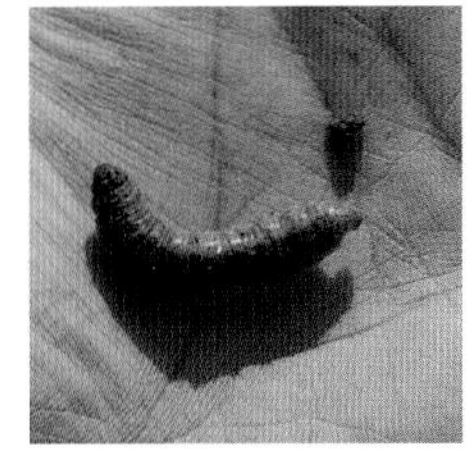

夜盜蛾

夜盜蛾的幼蟲啃食葉片，孵化後的幼蟲會集體行動，成蟲後則單獨於夜間活動。

瓜葉蟲

成蟲會如畫圓般地啃食葉片，幼蟲潛藏於土壤裡啃蝕根部。

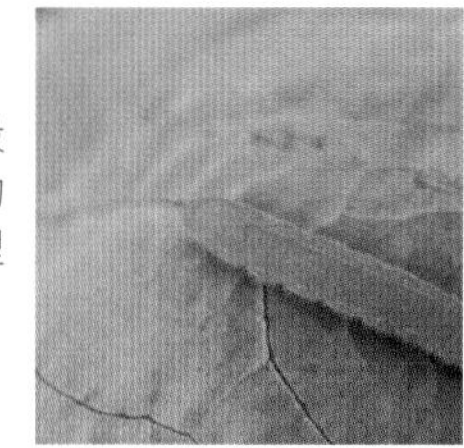

青菜蟲

菜粉蝶的幼蟲。大多啃食高麗菜或花椰菜等十字花科的菜葉。

主要蟲害的症狀・對策

害蟲名	被害症狀	對策方法	容易受害的蔬菜
青菜蟲	粉白蝶的幼蟲，綠色的芋蟲。好發於春、秋兩季，主要啃食十字花科蔬菜的葉片。	先確認葉片背面是否有幼蟲或蟲卵附著，發現後立刻撲滅。有效預防方法是覆蓋寒冷紗，避免害蟲產卵。	十字花科的蔬菜
薊馬	體長為1~3cm的蟲，容易發生於高溫潮濕的時期，主要吸食葉片或嫩芽的汁液，妨礙蔬菜的生長。被害處會變形或轉成白色後剝落。	預防方法是覆蓋寒冷紗避免成蟲產卵，或鋪上銀色布，利用反光防止成蟲飛來。	小黃瓜、四季豆、茄子、青椒等
蚜蟲	主要吸食嫩芽或葉片的汁液，使嫩芽或葉片虛弱。蚜蟲數量過多會導致整株疲軟虛弱，同時會傳染病毒，導致發病。	為了避免蚜蟲掉落土裡，請先在地面鋪上紙張，再使用毛筆等將蟲掃落。此外，因蚜蟲不喜歡亮光，所以盆栽裡可以鋪上鋁布、CD片等，最好覆蓋寒冷紗預防成蟲飛來。	幾乎所以的蔬菜
瓜葉蟲	黃色甲蟲全長約7mm。在葉片的淺表部分呈畫圓的方式啃食，被啃食的半透明部份會轉成褐色，最後掉落。	發現成蟲後立刻撲滅，覆蓋寒冷紗等防止成蟲飛來。	南瓜、小黃瓜、西瓜等
切根蟲	和夜蛾同類的幼蟲。夜間啃食蔬菜的葉片和莖部，白天則潛入土壤裡。因為成蟲會啃食根部處的莖部，導致整株受害。	因為該蟲白天會潛藏於土壤裡，因此需要特別注意根部處的土壤裡，若發現後立刻撲滅。如果是幼苗階段，可用紙筒或切半的寶特瓶覆蓋於幼苗上作為保護。	高麗菜、白蘿蔔等
葉蟎	體長1mm以下的紅色或橙色成蟲，吸食葉片背面的汁液。好發於高溫潮濕的時期，被害處顏色轉淡後會成為白色斑點。	為了避免過於高溫潮濕，必須維持適當的株間距離，使通風良好順暢。因好發於葉片背面，所以在葉片背面噴水也具有預防效果。	四季豆、蕃茄、茄子等
潛葉蠅	幼蟲潛藏於葉片中為害，受害葉片會形成隧道狀，自外表看來葉片上會呈現白色條狀。	預防方法為覆蓋寒冷紗等避免害蟲產卵，同時必須撲滅為害中的成蟲。	豌豆、茼蒿等
夜盜蛾（斜紋夜蛾）	夜盜蛾的幼蟲會成群地啃食葉片。被害處呈白色半透明狀，隨之即枯萎。成長後的幼蟲白天潛藏於土壤裡，夜間則單獨活動啃食葉片。	處理被害葉片後，要再確認周邊是否有蟲卵，若發現蟲卵，必須處理整個葉片。如果白天沒有發現幼蟲，請於夜間尋找後撲滅。有效的預防方法是覆蓋寒冷紗預防害蟲產卵。	幾乎所有的蔬菜

有關於椿象 參照37頁　有關蝶類的幼蟲 參照145頁　有關於小菜蛾 參照79頁

覆蓋寒冷紗或紗網

盆栽覆蓋寒冷紗或紗網，防止害蟲侵入，也可以有效降低害蟲自外飛來的機率。

利用共生植物預防蟲害

將害蟲喜歡的和討厭的植物，同時種植於想要保護的蔬菜附近，可以有效地將害蟲驅除至其他植物的效果，此稱為共生組合。

共生組合範例

組合	效果
胡蘿蔔和萬壽菊	同時栽種於盆栽內，可以有效降低被害率
蕃茄和薰衣草	同時栽種於盆栽內，可以有效降低被害率
蕃茄和羅勒	栽種於近處有助蔬菜生長，並降低被害率
高麗菜和洋甘菊	栽種於盆栽內，氣味清新，可降低被害率
包心白菜和辣椒	同時栽種於盆栽內，可以有效降低被害率

主要的病蟲害防治對策

在此介紹當自己種菜時，能令人感到安心的病蟲害防治對策。

以光或顏色驅除害蟲

蚜蟲等害蟲，大多討厭一閃一閃的反射光線，所以盆栽或支柱上可以黏貼會發光的東西（銀色紙張等）以降低害蟲飛來。

選擇耐病性的品種

即使是相同的蔬菜，選擇某些特定耐病性強的品種，生長過程中較不容易產生病害。購買種子時，請先行確認袋上所標示的注意事項後，再行購買。

利用益蟲驅除害蟲

蔬菜上所出現的昆蟲當然並非全都是害蟲，其中不乏能捕食害蟲的有益昆蟲。例如瓢蟲就是蚜蟲的天敵、螳螂和蜘蛛也是捕食害蟲的益蟲，若發現不需要驅除。

盆栽栽培用語集

ㄅ

半日陰
陽光照射量只有半天左右的日照場所。或僅從葉片縫隙射進陽光的場所。

本葉
子葉展開後發出的葉子。

ㄈ

發芽
種子或種塊發出新芽。

肥料不足
栽培過程中，因蔬菜生長必需吸收養分，或因給水而造成肥料流失而導致土壤裡肥料不足的現象。

ㄉ

地際
植株和地面接觸的地方。

ㄍ

果菜
蕃茄或南瓜、毛豆等，主要食用果實或子實、嫩莢等蔬菜。

根菜
像白蘿蔔或胡蘿蔔、馬鈴薯等，主要食用地下根或莖的蔬菜。

根缽
以育苗盆培育幼苗時，根緊緊地盤據土壤，最後形成根缽的形狀。定植時，盡量不要破壞根缽形土壤，將根的傷害降到最低是很重要的。

ㄏ

花（果）柄
用來支撐花朵或連結果實，位於葉片和莖部之間的柄部分。

花蕾
也稱為花蕾球。植株生長後由花朵聚集而成的蕾苞。青花菜和花椰菜可食用的部分即是花蕾。

花灑噴嘴
附著在花灑的最前端，澆水時可以調節水量大小。

ㄐ

結球
高麗菜或萵苣等蔬菜，葉片會朝向中心，層層捲起包覆後成為硬球。

莖節
莖葉發出的地方。側芽生長後進行摘芯時，保留節處，在節處略上方處剪斷。

基肥
栽種蔬菜時，事先在栽培用土裡混入的肥料。如果是已經含有肥料成分的市售栽培用土，則不需要加入基肥，但循環使用的再生土則有必要添加基肥。

ㄒ

雄蕊
種子植物位於雄花內的生殖器官，主要構造可分為花絲和花藥。

下葉
植株下方的葉片，可作為判斷幼苗或植株生長狀況的條件。

ㄓ

主莖蔓
藤蔓性植物，自子葉延伸出來後，成為該植物主莖的部分。

主枝
通常是最粗壯，可作為植株中心的主枝。

株元
植株最接近地表的部分。

追肥
植株生長過程中，為了補充肥料的不足，成長過程中施放的肥料就叫作追肥。

摘芯
為了調整植株的高度，或促使側芽發出，配合目的將莖部摘除。

摘芽
為了幫助主枝或果實生長，必須趁早將不必要的芽（側芽）摘除。

ㄔ

初花（初果）
一株植物最先開出的花（果實）。

抽苔
花莖（不長葉片只開花的莖）延伸抽長叫作抽苔。抽苔後營養無法到達葉片，品質也大為降低。

ㄕ

生長點
植物本身細胞分裂最旺盛的地方。葉菜植物等採收時若保留生長點，會自此處發出新芽繼續延伸生長，之後即可再次採收。植株高度較高的果菜類蔬菜，可於此處摘芯，藉以調整植株的高度。

雙葉
雙子葉植物的子葉因為展開2片，所以稱為雙葉。

疏苗
為配合植株生長必須減少植株數量，因而拔除一些發育不良或葉片損傷的幼苗，讓植株有更寬廣的生長空間。

ㄗ

子莖蔓
主莖蔓和葉片之間所發出的藤蔓（側芽），延伸生長而成的莖蔓，如西瓜的果實就結在子莖蔓上。

子房
雌蕊的一部分，受精後會日漸肥大，不久就能變成果實。

子葉
發芽後隨即展開的葉片。單子葉植物開1片，雙子葉植物開2片，所以稱為雙葉。

走莖
由母株長出之後，沿著地面延伸生長，與地面接觸的部份會長出子株並發出根。如草莓等就是自走莖處增生子株。

ㄘ

側枝
自主枝發出的葉柄處延伸出的莖或枝。青椒或茄子等除了主枝之外，保留其他側芽2～3支繼續生長。

雌蕊
種子植物位於雌花內的生殖器官，有接受花粉的花柱和會成為果實的子房。

側芽
從葉柄處發出的芽，繼續延伸生長就會成為側枝。

ㄧ

誘引
為了避免植株倒塌，或使作業進行更為順利而架立支柱或網子，用繩索將莖和藤蔓固定其上。

葉菜
如萵苣或茼蒿、菠菜等，主要食用葉片為主的蔬菜。

ㄨ

外葉
包覆自中心發出的嫩葉，位於外側的葉片。

晚生種
即使是相同的種類，栽培期間較長的品種，可以稱為晚種。相反的，栽培期間較短的則稱為早生種。

監修

北条雅章

1976年畢業於千葉大學園藝系。
千葉大學環境健康研究科學中心準教授。
主修蔬菜園藝。
研究主題為「葉菜類無農藥栽培，以及果菜類接枝技術開發」等內容。

著有

「野菜のつくり方全国気候別はじめてのおいしい菜園カレンダー」（合著 誠文堂 新光社）、
審定書有「ひと目でわかる！シンプル野菜づくル」（池田書店）、
「野菜の上手な育て方大事典」（成美堂出版）等書。

TITLE

盆栽種菜計劃書　鮮嫩蔬果安心吃！

STAFF

出版　瑞昇文化事業股份有限公司
作者　北条雅章
譯者　蔣佳珈

總編輯　郭湘齡
責任編輯　王瓊苹
文字編輯　林修敏、黃雅琳
美術編輯　李宜靜
排版　也是文創有限公司
製版　明宏彩色照相製版股份有限公司
印刷　皇甫彩藝印刷股份有限公司

戶名　瑞昇文化事業股份有限公司
劃撥帳號　19598343
地址　新北市中和區景平路464巷2弄1-4號
電話　(02)2945-3191
傳真　(02)2945-3190
網址　www.rising-books.com.tw
Mail　resing@ms34.hinet.net

本版日期　2015年7月
定價　350元

國家圖書館出版品預行編目資料

盆栽種菜計劃書 鮮嫩蔬果安心吃！／
北条雅章監修；蔣佳珈譯.
-- 初版. -- 新北市：瑞昇文化，2011.06
192面；18.2×25.7公分

ISBN 978-986-6185-52-6 (平裝)

1.蔬菜　2.水果　3.栽培　4.盆栽

435.2　100009292